U0323400

国家哲学社会科学课题西部项目研究成果

中国书籍学术之光文库

生态安全视域的
西部地区生态文明建设研究

刘小勤 等｜著

中国书籍出版社
China Book Press

图书在版编目（CIP）数据

生态安全视域的西部地区生态文明建设研究/刘小勤等著. —北京：中国书籍出版社，2020.7

ISBN 978－7－5068－7847－0

Ⅰ.①生… Ⅱ.①刘… Ⅲ.①生态环境建设—研究—中国 Ⅳ.①X321.2

中国版本图书馆 CIP 数据核字（2020）第 075374 号

生态安全视域的西部地区生态文明建设研究

刘小勤 等 著

责任编辑	兰兆媛 王 淼	
责任印制	孙马飞 马 芝	
封面设计	中联华文	
出版发行	中国书籍出版社	
地 址	北京市丰台区三路居路 97 号（邮编：100073）	
电 话	（010）52257143（总编室） （010）52257140（发行部）	
电子邮箱	eo@ chinabp. com. cn	
经 销	全国新华书店	
印 刷	三河市华东印刷有限公司	
开 本	710 毫米×1000 毫米 1/16	
字 数	180 千字	
印 张	14.5	
版 次	2020 年 7 月第 1 版 2020 年 7 月第 1 次印刷	
书 号	ISBN 978－7－5068－7847－0	
定 价	89.00 元	

目 录
CONTENTS

第一章

导 论

一、研究的背景

"生态"是当前中国社会中一个使用频率高、搭配范围广、想象空间大的词汇，如政治生态、文化生态、生态旅游、生态农业、生态空间等等。"生态"一词原意是指"生物之家"，在当今人们谈及生态问题时范围极为宽泛，不仅包括由动物、植物、微生物构成的生命世界，也包括由非生物和非生物环境构成的非生命世界，它们彼此联系、交互作用，共同构成一个完整的生态系统。

了解生态学，有必要追溯"生态"一词在中国传统文化语境中最初的含义和变迁。《管子·地员》篇是我国最早记载生态现象的文献，其中关于山地植物的生长、发育呈现出垂直分布的生态序列现象与土壤性质、地势高下之间关系的准确记述，表明古人已经对植物的生长、发育、分布与地势、水分、地理形貌等生态因子之间的相互关系进行生态意义的观察。在中国传统文学语境中，"生态"一词多与女性美丽动人的仪容形貌、举止关联。《东周列国志》第十七回记载："（息妫）目如秋水，脸似桃花，长短适中，举动生态，目中未见其二。"在南朝梁简文帝《筝赋》中记载："丹荑成叶，翠阴如黛。佳人采掇，动容生态。"

唐朝时期，杜甫在其诗作《晓发安公》中称"临鸡野哭如昨日，物色生态能几时"。明朝刘基在《解语花·咏柳》词作中有"依依旎旎、袅袅娟娟，生态真无比"的描述，生态一词多指女性生动、美好的姿态与意象。

在西方国家语境中，"生态"（Ecology）一词源于古希腊"oikos"和"logos"两个词，前者原意为"房屋、住所"或"栖息地"，后者意为"学科、学问"，"生态"的原意指研究生物"住所"的科学，并没有涉及人类与自然的双边关系。生态学作为自然学科的专用名词，源于德文 kologie，是两个希腊词汇即房屋、住所和学科合并构成。德国生物学家 E. H. 海克尔（Ernst Heinrich Haeckel，1834—1919）于 1866 年在《一般生物形态学》一书中率先提出了"生态学"概念。1869 年，海克尔对生态学进行了进一步详细解释，认为生态学是"研究动物与其有机及无机环境之间的全部关系，以及动物与和它有着直接、间接关系的动植物之间的互惠或敌对的关系"[1]。生态学当时局限于研究动物和外界环境的关系，属于生物学的一个分科。

"生态学"这一概念在 1873 年被翻译为英语 Ecology，生态学一词也是由两个词构成，"eco"原意为"房子、住宅、家园和住处"，通常用来表达"住所或栖息地"，"logy"意为"知识、理念、观念和学问"，两个词语组合而成的语意为研究住房环境、人居生态、居住指标的理论、学问和思考。1895 年，日本学者把"ecology"一词翻译为"生态学"，后经由武汉大学张挺教授把现代意义的生态概念引介到我国。

1935 年，英国生态植物学家坦斯利（Arthur G. Tansley，1871—

----

① 陈红兵，唐长华著：《生态文化与范式转型》，北京：人民出版社，2013 年版，第 13 页。

1955）首先提出了"生态系统"的概念，他明确提出，"我们所谓的生态系统，包括整个生物群落及其所在的环境物理化学因素（气候土壤因素等），它是一个自然系统的整体。因为它是以一个特定的生物群落及其所在的环境为基础。这样一个生态系统的各个部分——生物与非生物、生物群落与环境，可以看作是处在相互作用中的因素，而在成熟的生态系统中，这些因素近于平衡，整个系统通过这些因素的相互作用而得以维持"①。在他看来，生态系统的构成是"一个植被单位，不仅包括组成植被的植物，也包括栖息其中的动物以及相关环境或生境中所有的物理和化学因子"②。坦斯利提出的生态系统概念是一个集合性的概念，将动物、植物、自然环境整合在一起，彼此相互作用，构成一个完整的、具有特定生态功能的系统。在生态系统中，各生物种类、种群的组成具有各自的比例、结构及功能，为达到维持生态系统平衡的要求，不间断地进行着物质循环和能量流动，使其处于一个相对稳定的状态。生态系统平衡原理的应用，是人类合理利用资源、保护与建设生态环境的理论方法和科学依据。20世纪70年代初期，应用生态学的产生大大拓宽了生态学研究的领域，生态学逐渐摆脱生物学基础分支学科的狭小范围，并被引入社会科学领域，成为研究人类"社会与其周边的自然环境相互作用的科学"③。

"安全"一词最初指人类精神和心理维持稳定、保持功能正常的状态或标志，是人类社会所普遍追求的、首位的价值目标，也是人类生存和发展必须满足的、最基本的需求。生态安全的概念建立在人们对生态

---

① 余谋昌：《生态学哲学》，昆明：云南人民出版社，1997年版。
② 陈健等：《创新生态系统：概念、理论基础与治理》，《科技进步与对策》，2016年第17期，第153页。
③ 王树义：《俄罗斯生态法》，武汉大学出版社，2001年版，第5-7页。

系统（Ecosystem）构成的复杂性、系统性、稳定性的认知逐步深化的基础之上，由于生态退化、生态环境恶化和生态破坏问题逐渐凸显于人类社会生活领域，直接威胁到人类自身的生存与可持续发展的严峻现状后提出，它反映了人类对生态问题引发的安全问题以及安全问题所涉及的生态问题的深切关注和思考。

生态安全（Ecological Security）原本为生态学概念，源于生态系统平衡理论的要求。1945 年，美国地理学家 Gilbert 和 White 首次提出人类针对自然灾害的防控，不能局限于从单纯的致害因子方面进行研究，而必须扩展到人类对自然界的人为扰动以及人类对自然灾害的行为反应，强调通过调整人类行为以有效地减少自然灾害的影响和损失。在 1977 年，美国著名环境专家莱斯特．R．布朗将生态含义引入安全概念①，他在《重新定义国家安全》中指出："目前对安全的威胁，来自国与国之间关系的较少，而来自人与自然之间关系的可能更多……土壤侵蚀、地球生态系统的退化和石油储量的枯竭，目前正威胁着每个国家的安全。"②

国外关于生态安全问题的研究，主要围绕生态安全与国家安全问题、民族问题、经济社会可持续发展问题和全球化的相互关系等问题展开。1989 年，美国国际应用系统分析研究所（IASA）首次提出生态安全（Ecological Security）概念。1991 年，美国发布的《国家安全战略报告》中把"生态安全视为其国家利益的组成部分"③。美国著名环境学

① 刘小勤，尹记远：《生态安全视阈下的云南少数民族地区生态文明建设》，《云南行政学院学报》，2012 年第 4 期，第 96 页。
② 汤伟：《中国特色社会主义生态文明道路研究》，天津：天津人民出版社，2015 年版，第 225 页。
③ 吴大放，刘艳艳，刘毅华等：《耕地生态安全评价研究展望》，《中国生态农业学报》，2015 年第 3 期，第 259 页。

家诺曼·迈尔斯（Norman Myers）于 1993 年指出，"生态安全是地区的资源战争和全球的生态威胁而引起的环境退化，继而波及经济和政治的不安全"①。

我国生态安全研究起步于 20 世纪 90 年代初期，学界就生态安全的概念、内涵、生态安全的评价方法与评价指标体系展开了较为热烈的讨论。我国是"世界上生态脆弱区分布面积最广、生态脆弱类型最为丰富、生态脆弱性表现最为明显的国家之一"②，维护生态安全、构建和谐社会是基于生态安全现状的紧迫需求，并对我国未来的社会经济可持续发展具有强烈的现实针对性和明确的指向性意义。中国学者在开展生态安全问题的研究初期，就立足于现实层面展开，形成了关于不同地域类型、不同行政区域以及城镇的生态安全研究成果。生态安全问题涉猎的学科范畴非常宽泛，包括生态学、生物学、环境科学、经济学及社会学等多种学科，随着对生态安全问题认识的进一步深入，生态安全问题逐渐实现了由自然学科的范畴向自然科学与社会科学交叉的跨越和拓展，"超越了经济社会而演化成为政治安全议题"③，具有强烈的现实意义和政治意义。

从生态安全的概念来说，曲格平（2004）提出的生态安全概念主要从生态安全的负面效应来进行阐释，他认为，生态安全包括两层含义："一是防止由于生态环境退化对经济基础构成威胁，主要指环境质量低劣和自然资源的减少、退化削弱了经济可持续发展的支撑能力；二是防止由于环境破坏和自然资源短缺引起人民群众的不满，特别是环境

---

① 张梦婕，官冬杰等：《基于系统动力学的重庆三峡库区生态安全情景模拟及指标阈值确定》，《生态学报》，2014 年第 14 期，第 4881 页。
② 环境保护部：《全国生态脆弱区保护规划纲要》，2008 年。
③ 汤伟：《中国特色社会主义生态文明道路研究》，天津：天津人民出版社，2015 年版，第 74 页。

难民的产生影响社会安全，从而导致国家的动荡。"① 宗浩（2011）提出的生态安全概念侧重于对维持生态安全对人类社会的正面意义进行阐释，认为"生态安全是对包括人在内的生物与环境关系的稳定程度和生态系统可持续发展能力、支撑能力的测度"②。维持生态安全系统的稳定，确保生态价值功能的实现，必须根据生态安全的状况来不断调整人类社会经济活动，以确保复合生态系统的稳定性、协调性、整体性。

董险峰（2010）提出生态安全的本质有两个方面："生态风险和生态脆弱性，二者直接影响到生态系统的健康水平。"生态风险概念表征的是生态环境所受到的压力以及就此造成危害的概率和后果，生态安全的核心问题是生态脆弱性，主要通过影响生态安全的威胁因子进行生态脆弱性评价，分析各影响因子之间相互作用的机制以及应当采取的对应措施。生态脆弱性是生态系统固有的属性，主要是指对人类生存和发展而言，由于生态环境的生物组成复杂、稳定性弱，表现出受人类活动的扰动及突发性自然灾害等外界压力引起的敏感性变化，如果超过一定的阈值，仅依靠自然环境自身难以恢复，极易向不利于人类社会可持续发展、利用的方向演替、发展。钟祥浩等（2008）提出生态脆弱性包括两种类型：资源脆弱性和自然灾害脆弱性。学术界普遍认为，脆弱性是可度量的（Birkmann，2006），李鹤、张平宇、喻鸥等（2011）提出生态脆弱性"与暴露、干扰、生态适应性、敏感性、恢复力、稳定性"等因素密切相关。贾卫列等（2013）则从反向定义的角度出发，将生态安全分为"要素安全"和"功能安全"两类，提出"要素不安全指宇宙辐射、阳光、土壤、水、空气、植被等参数中任何一个或多个参数

---

① 曲格平：《关注生态安全之一：生态环境问题已经成为国家安全的热门话题》，《环境保护》，2002年第5期，第3页。

② 宗浩主编：《应用生态学》，北京：科学出版社，2011年2月版，第448页。

的变动导致的不安全"，而"功能不安全是指局域或全球性的生态环境的功能性指标，如人类及动植物生长适宜度、地球表层的物质循环状态等有序及紊乱程度等参数的变动导致的不安全"①。

有学者对生态安全的构成要素提出评估方法，如张远等（2016）对流域生态安全进行评估指标体系，指出"当水生态受到人为干扰而出现退化时，其所提供的服务功能也会随之下降，并最终丧失该功能"②；吴大放等（2015）对中国耕地生态安全评价与模拟研究，为编制土地利用总体规划提供依据；杨锋梅等（2012）以个案分析为切入点，就生态脆弱区旅游景观格局开展了脆弱生态形成、生态演化的研究。邹家红（2008）、周国海（2009）、景秀艳（2010）等将生态安全概念引入了旅游研究领域，并尝试在旅游地生态预警体系和生态安全设计等方面做了积极的学术探索。钟洁、覃建雄等（2014）就四川民族地区旅游资源开发与旅游承载力、环境监测机制、生态环境教育机制以及民族文化自我保护机制等生态安全保障机制紧密连接。另外，学术界也逐渐采用生态脆弱性来对贫困问题做出相关解释，一些学者揭示了社会经济领域中的贫困现象与生态系统的内在关系。葛珺沂（2013）指出，"在我国现有的国家级贫困县中，有70%都处于生态脆弱区，生态环境的脆弱性是（造成）区域性农村贫困的重要根源"③。

可以发现，国内学者对生态安全的关注度近些年来明显提升，在研究过程中，基于生态安全研究在不同学科属性之间的跨越，由于研究视

---

① 贾卫列，杨永岗，朱明双等著：《生态文明建设概论》，北京：中央编译出版社，2013年版，第39页。

② 张远，高欣，林佳宁等：《流域水生态安全评估方法》，《环境科学研究》，2016年第10期，第1398页。

③ 葛珺沂：《西部少数民族地区贫困脆弱性研究》，《经济问题探索》，2013年第8期，第164页。

角、研究旨趣的差异，尚未对生态安全的概念形成一致认识，表述不一，各有侧重。生态安全评价主要通过对研究特定区域在特定时间范围内，围绕可能存在的生态风险以及对生态系统功能的影响机制、作用进行评价，是开展生态安全评估研究的主要内容，为实现可持续发展提供理论和现实依据。国内对于生态安全的研究集中在生态安全概念的界定、生态安全评估指标构建、生态安全评价指标及权重、区域生态安全评价体系、生态承载力、生态足迹和生态安全伦理等方面。目前在我国，生态安全理论和方法已经广泛运用到国家层面、区域性范围、城市个案研究等层面，研究领域涉及海洋资源安全、土地资源安全、水资源安全、林业生态安全和农业生态安全等，主要涉及生态安全评价、生态安全评估监测与生态安全维护等方面。

二、研究的目的和意义

生态安全问题的研究在 20 世纪 80 年代逐步发展，受到国内外研究者的广泛关注，形成了大量具有学术价值和应用价值的研究成果。就总体而言，对我国省级生态安全问题研究成果较为丰厚，但是跨省域的区域性生态安全研究则显得相对薄弱。

我国西部地区是指西北五省区（陕西、甘肃、青海、宁夏、新疆）、西南五省区市（云南、贵州、四川、重庆和西藏）以及内蒙古、广西共 12 个省、市、自治区，其生态区位特点突出，是我国重要的江河源头区、水土流失敏感区、风沙源头区、生态效益源区和生态屏障区，兼具生态脆弱性突出、自然资源禀赋优势明显、社会经济发展相对滞后等多个突出特征。西部地区的生态安全状况、生态环境质量直接关系到我国整体生态安全格局，不仅直接影响到西部地区区域性的生态环境状况，而且也对中、东部地区以及全国乃至东亚地区的生态安全格局产生深刻影响。就总体来说，西部区域生态系统长期处于过度开发利用的压力之下，致使生态承载能力已逼近生态安全的警戒线。当前，我国西部地区面临着加强生态治理、实施生态保护，促进区域经济社会发展的多重任务，这是西部地区发展过程中不容回避的现实课题。

理论意义：西部地区生态安全现状直接关系着长江上游以及整个国家的生态安全，本课题从确保国家生态安全的高度出发，立足于我国西部地区特殊的生态安全格局，阐述西部地区生态安全的人为扰动因子与自然扰动因子交互作用的机制及主要影响。课题研究涉及生态学、生物学、环境科学、生态经济学、社会学、经济学等多个学科理论，进一步拓展了研究空间和视角，对于构建西部生态安全屏障，推进社会主义生态文明社会的建设具有重要意义，丰富了建设美丽中国、美丽西部的理论研究。

现实意义：西部地区在我国的经济社会发展布局中地位特殊，具有生态区位重要性与生态脆弱性突出的双重特征，面临着经济社会发展相对滞后的严峻现实问题，在具备资源禀赋丰富优势的同时存在资源无序开发、过度开发、不合理开发导致资源束缚趋紧的突出问题。如果西部地区生态安全格局现状持续走向恶化，势必危及整个国家生态安全。课题从西部生态格局现状出发，力求客观、准确地评价我国西部地区生态安全现状，对西部地区生态安全现状进行评估，积极探索立足于构建生态安全屏障基础上的西部地区生态文明建设的实践路径。对于如何在西部地区生态文明的法制建设、机制建设和文化建设等方面实现创新，提出对策性建议，以期逐渐降低西部地区生态风险、改善生态脆弱性，实现人与自然的共生、和谐、繁荣，从而促进我国西部地区实现社会经济可持续发展、生态系统平衡稳定、民族关系融洽和谐的生态文明建设目标。

三、研究的内容与方法

课题研究遵循理论到实证分析、定量分析与定性分析相结合的研究思路，研究主要分为三个部分：首先，提出问题，界定研究对象，对生态安全的内涵、生态安全的本质、在国家战略安全中的地位等进行梳理，对生态文明建设的理念认知以及实践成效进行调研走访，进一步明确生态文明价值理念，揭示生态安全与生态文明建设的辩证关系；其次，分析问题，在对西部地区的生态安全格局进行全方位、多角度描述的基础上，进而对西部各省区生态安全现状开展实证评估，把理论论证、实证分析相结合，对已有理论研究成果进行丰富、补充与完善；最后，提出针对性对策、建议，从促进西部地区社会经济发展的战略决策、法制创新、机制完善、文化创新四个层面提出构建我国生态安全屏障，探索推进西部地区生态文明建设的实践路径。

1. 研究的主要内容

（1）生态安全的概念

在全球生态危机愈演愈烈的状况下，生态安全问题具有时间上的紧迫性、空间分布上的广泛性、影响上的严重性等突出特征，生态安全问题已经成为人类应对管理社会事务中必须优先考量和重点关注的议题。俄罗斯学者 A. 科斯京提出"生态安全是政治进程的无上命令"① 的命题开启了生态问题研究的新境界。

宗浩（2011）指出："生态安全是对包括人在内的生物与环境关系的稳定程度和生态系统可持续发展支撑能力的测度。生态安全需要统筹考虑外部压力和系统自身的脆弱性，对生态安全适应性的策略需协调自

---

① ［俄］A. 科斯京：《生态政治学与全球学》，胡谷明等译，武汉：武汉大学出版社，2008 年版，第 1 页。

然环境、经济活动和社会结构，强调复合生态系统的整体性。"① 陈江波、汤杰（2014）指出，"广义的生态安全是指生态系统整体的安全，即生态系统的结构功能没有遭受破坏与威胁的状态，组成生态系统的各部分和谐相处、共同发展。狭义的生态安全是指人类生态系统的安全，即人类的生存环境处于健康、可持续发展状态"。②

对一个国家或区域进行生态安全评估，必须考虑如下几个方面的因素：首先，生态系统结构具有多维复合性的特点，分别来自不同的社会、经济、自然领域等多重因素，它们相互作用、彼此叠加，共同构成影响生态系统稳定的因子；其次，生态安全具有时间维度的连贯性，生态安全的现状实际上表明了历史上过往的人类开发行为是否适度、合理，而当下的开发行为又必然影响着未来的生态安全状况，因此，具有时间上的累积性、渐进性的特征；再次，生态安全具有空间维度的关联性，对一个地区生态安全状况的评估，无论是在同一流域的上、中、下游之间，中心城市与周边乡村之间，江河湖泊水体与陆地、山区和平原之间，由于彼此影响、交互作用，一个地区的生态安全与邻近地区的生态环境状况息息相关；最后，生态安全评估阈值的临界性，生态系统在受到自然和人为因素的叠加扰动后，就会导致稳定的生态系统失衡，出现一系列生态系统功能弱化、退化甚至恶化的现象，如果超过了一定的生态环境承载的临界阈值，就会发生不可逆的结构性改变。

（2）我国西部地区生态安全格局现状

①西部国土生态安全：从生态安全视角对我国西部国土资源特点进行分析。西部地区土地利用类型丰富、地貌类型复杂多样，由于土地利

---

① 宗浩主编：《应用生态学》，北京：科学出版社，2011 年版，第 448 页。

② 陈江波，汤杰：《我国资源型城市生态安全的防范与调控研究》，《经济研究导刊》2014 年第 8 期第 62 页。

用基础先天不足、土地利用难度大，表现为水土流失、土地荒漠化、土壤盐渍化、土地污染日益严重，城市土地生态环境等问题日益突出。

②西部地区水资源生态安全：首先分析西部地区水资源禀赋状况。西部地区是我国大江大河的主要发源地，呈现出在时空变化与地理分布方面的不均衡性，水资源量的年际、年内变化大的特点。西部地区水资源的匮乏是长期制约西部地区经济社会发展的主要因素，也是致使该地区生态脆弱、环境进一步退化的重要原因。继而分析了西部地区水资源开发利用状况，存在水资源时空分布不均衡，水资源开发利用差异性明显，缺水空间较大、水资源利用效率不高以及浪费现象突出等问题，水资源的节约和进一步开发利用有一定的潜力。

③西部地区森林资源生态安全：西部地区复杂的高山峡谷地形条件，孕育了丰富多样的森林生态系统。目前，西部地区森林资源生态安全面临着多方面的挑战，森林资源整体质量下降，本土生物多样性减少，致使森林生态系统在涵养水源、水土保持等方面功能降低。只有不断扩大森林资源，逐渐加强生态功能，才能发挥森林资源在维护国土安全，带动区域内农业、牧业、旅游等相关产业可持续发展进程中，真正发挥重要的安全屏障作用。

④西部地区矿业资源生态安全：西部地区拥有丰富的煤、石油、天然气等能源及丰富的矿产资源，如何依托资源开发，实现从资源优势向经济优势的转换，是促进西部地区综合经济实力不断增强的重大问题。矿业开发作为西部地区的支柱产业，存在共生矿、伴生矿多，开发水平低下，勘察和利用程度不高，更为突出的问题是由于西部地区自然条件恶劣，生态环境脆弱，传统矿业开发模式业已造成生态环境的严重破坏，导致地下水系破坏、矿区地貌以及地面附着物损害，矿区地质灾害频繁发生。利用西部地区资源优势，探索资源循环利用、促进清洁能源

的开发，走一条绿色的生态矿业发展道路是未来西部矿业资源开发的正确选择。

⑤西部地区生物物种安全：广袤的西部地区，在独特的地理条件、气候条件、环境条件的共同作用下，不仅是我国大江大河的主要发源地，也孕育了大面积的森林、湿地，是我国乃至世界上重要的动物、植物、微生物分布区。西部地区的生物多样性体现为丰富性、独特性和脆弱性的突出特点，一些珍稀物种对外界干扰非常敏感，加之西部地区经济发展水平相对落后，大众化旅游的无序化发展、矿产资源的不合理开发以及土地资源的过度开发利用等人为干扰严重，使一些珍稀濒危物种的生存环境退化、岛屿化、片段化，导致生物多样性保护和区域经济发展的矛盾，当前利益和长远利益的矛盾越来越突出。西部地区的发展必须本着人与自然和谐共处、资源可持续利用的原则，实现区域经济发展与生态文明建设同向并进，传统生态文化保护及生物多样性保护协调发展的多维目标。

（3）影响我国西部地区生态安全的成因分析

①生态欠账的历史考察：从历史的角度来说，生态演替是一个漫长的历史过程。西部地区由于自然条件恶劣，自然灾害频发，缺乏稳定的农业生产条件，一些长期挣扎在温饱线上的贫困人口不得不重复落后的生产方式，致使生态环境进一步恶化。在西部地区的陕西、甘肃等省区，作为中华文明的发祥地，自古即有"山林川谷美，天才之利多"的美誉，曾经是"间阎相望、桑麻翳野"的繁荣富庶之地，在经过历代战乱、滥砍滥伐等人为破坏以及自然灾害的叠加效应作用下，西北地区成为世界上水土流失最严重的地区之一。

生态环境的脆弱与退化是影响区域经济社会发展的重要因素，贫困问题又是生态环境恶化的突出表征。贫困现象、生态问题与人口问题紧密关联、交互作用，其中的任何一个问题都难以在互相隔绝的状态中单方面加以解决。由于自然、地理环境与人为因素相互交错，西部地区由于生态环境脆弱性特征突出，加上受到历史和现实诸多因素的制约，自主发展能力较为薄弱，因此，西部地区的社会经济发展必须和生态环境保护有机结合起来，加强生态修复和环境保护，以发展促进保护，以保护引领发展，真正体现和发挥西部地区作为全国重要生态功能区的定位和功能。

②认知的局限导致经济发展策略失误：人类社会经济的发展必须遵循人类社会和自然环境之间物质和能量转化的客观规律，一旦无视自然生态系统的客观规律盲目发展，即便实现了经济增长的短期目标也并不足喜，因为人类终将付出生态环境破坏、生态功能退化的巨大代价。西部地区是我国贫困人口最多的地区，急于摆脱贫困现状的迫切愿望，在单纯注重 GDP 发展的传统政绩观影响下，人们往往在经济发展与生态保护之间做出失衡的偏颇选择。近些年来，西部地区面临着中东部地区一些高污染的、产能过剩的项目转移，在西部地区纷纷落地的突出问题。西部地区生态安全屏障的重要地位，生态脆弱性、敏感性、易变性突出的生态格局，决定了西部地区的发展必须把生态环境的保护放到首要位置。

如果说经济发展水平是生活水平高低的象征，而是否能维持自然生态的和谐、稳定则是一个关乎人类能否生存的重大问题。所以，必须力戒在经济社会发展问题上的狭隘与短视心理，毕竟，生态环境的恢复、治理是一个漫长、艰辛的过程。我国西部地区生态文明要建立一种以人与自然和谐发展为主导的整体价值观和生态经济价值观，对自然生态价值的判断不但要考虑是否满足现阶段人类物质欲求的实现，而且要把是否符合人类可持续发展需要，是否有利于确保整体生态安全、实现生态功能价值与审美价值统一多方面需求作为主要测度指标，实现人与自然的和谐共生，社会经济可持续发展的目标。2017年十九大报告进一步明确提出要把我国建设成为富强、民主、文明、和谐、美丽的社会主义现代化强国的伟大目标，包括了政治、经济、社会、文化、生态建设五位一体的丰富内涵。

③生态补偿制度的缺失：生态安全问题具有典型的公共性、外部性特征。西部地区既是我国重要的生态屏障区和水源涵养地，也是重要的资源与能源的战略基地。西部地区主要承担了全国天然林保护工程、生态公益林保护工程、重要湿地保护等一系列生态保护工程的重任，同时担负了向发达地区输出资源的任务。根据不同生态类型、分布特点及结构和生态演替过程，依据其屏障功能分区与功能定位，分别承担了禁止开发、限制开发、重点开发的功能区划。

西部地区生态文明建设要坚持经济社会可持续发展、合理配置资源原则，在相关区域实施生态保护、生态治理的举措，对资源进行开发造成局部地区生态破坏的成本应该予以合理的生态补偿，其补偿力度和补偿效应应该使生态潜力的增长高于经济增长速度，实现生态系统的良性循环。

目前，西部地区生态补偿标准偏低、补偿范围过窄、补偿模式单一、补偿政策落地时间长、落实慢的问题比较突出，在一定程度上抑制了相关区域社会经济发展水平和人民生活质量进一步改善的意愿，生态不断恶化的趋势没有得到根本性的遏阻。为此，适当加大中央财政转移支付中生态补助的额度，确保生态补偿资金，是遏制生态环境持续恶化、促进关键区域生态治理、生态恢复工程，改善生态安全状况，实现社会经济可持续发展、自然生态系统良性循环的重要手段之一。

（4）构建生态安全屏障，推进西部地区生态文明建设的策略选择

①加强生态治理，树立生态发展观：生态危机是当前中国重大的公共问题，而政府角色的合理定位是生态安全的根本保障，所以必须充分发挥政府在生态治理方面的主导地位，强化政府环境责任意识和观念，以期建立政府环境责任的体系和制度。从区域经济发展的基本情况出发，正确制定区域经济发展模式，探索一条西部地区生态经济、循环经济、特色经济发展道路。

②构建生态安全屏障的法制创新：世界各国的生态安全立法主要包括自然保护、环境污染防治、自然资源利用等方面，虽然这在一定程度上实现了生态安全保障的目的，但在实践层面，存在着割裂生态系统作为一个整体功能结构所要求的安全保障的突出问题。目前，我国并没有生态安全保障的体系立法，主要是通过环境法体系进行调整，区别于传统环境安全的法律特征。鉴于我国目前关于生态安全保障法律制度建设的缺失，迫切需要转变立法理念，加强立法工作，尽快完善相关法律条款，建立生态安全保障法律体系，将生态安全作为相关部门法立法的原则，构建生态安全的综合立法，从制度和法律层面维护生态安全，以保障西部地区各民族群体的合法利益。

③构建生态安全屏障的机制创新：保障公民参与生态管理的民主机制，不断完善生态补偿机制，适时推行生态补偿预算制度、生态税费等制度。生态保护的根本动力在于全民共同参与，加快生态公民的培育，要特别重视在生态利益争端中，保障弱势群体的合理诉求，切实维护公民的生态政治权益；促进人们对自然和自身生存状态的反思和认知，逐渐转变生产生活方式，树立生态消费观，从生产和消费行为上解决人与自然的矛盾。

④构建生态安全屏障的文化创新：发掘、整理传统生态文化，不断吸收、借鉴现代西方生态文化的积极成果，积极培育现代生态公民。在

我国西部地区，各民族生态文化中蕴含了大量具有现代生态保护价值的风俗习惯、民族禁忌、宗教信仰，与现代生态伦理思想以及环境保护法律制度在理念上存在诸多契合，对其中的合理内容加以科学吸纳和有效利用，激发民族生态文化的自我保护与传承发展机制，有助于西部地区的环境保护。

2. 研究方法

（1）历史研究与比较研究法：正确地认识和分析事物，需要定性分析与定量分析的有机统一，课题对影响我国西部地区生态安全现状的因素进行历史考察和现实比较，对西部地区生态格局进行客观分析，明确在西部地区构建我国生态安全屏障的重要性、紧迫性和艰巨性。

（2）跨学科研究法：从生态安全视角出发，在对国内外有关生态安全评级模式进行静态分析的基础上，对西部地区生态安全状况进行动态评估，然后综合运用生态社会学、生态经济学、公共管理学、行政学、生态法学方法，提出探索西部地区构建生态安全屏障、推进生态文明建设的实践路径。

（3）理论研究与实证研究综合运用的方法：从马克思主义的基本理论出发，坚持理论与实际结合、历史与现实结合的原则，在对西部地区生态安全的构成要素、西部地区生态安全的格局现状进行分析的基础上，结合西部地区区域性生态安全现状进行评估，对构成生态安全影响的人为扰动与自然扰动因子进行解析、阐释，在定量分析与定性描述的基础上，立足于构建生态安全屏障，探索在西部地区生态文明建设的进程中，生态安全立法层面以及生态文化方面进行创新，为推进我国西部地区的生态文明建设提供可行性对策与建议。

第二章

生态安全与生态文明

第一节　生态安全概述

生态安全在生态学概念的基础上逐步发展起来，随着国际、国内生态安全问题的不断凸显，不仅引起了国际、国内学者的高度关注，也成为各国政府制定国家发展战略决策的一个重要议题。尽管基于不同研究旨趣和学科差异，人们对于生态安全概念的界定各有差异，但是综合表述各异的生态安全概念，还是可以归纳、梳理出其一致的共同点。

一、生态安全的内涵

关于生态安全概念目前国际上尚无公认的概念。1989 年，美国国际应用系统分析研究所（IASA）提出的生态安全定义是一个人们普遍接受、较为完整的概念表述，主要指"人的生活、健康、安全、基本权利、生活保障来源、必要的资源、社会秩序和人类适应环境变化的能力等方面不受威胁，其中包括自然生态安全、经济生态安全、社会生态安全，组成一个复合人工生态安全系统"①，生态安全是"指人类赖以生存的生态与环境，包括聚落、聚区、区域、国家乃至全球，不受生态条件、状态及变化的胁迫、威胁、危害、损害乃至毁灭，能处于正常的生存和发展状态"②。而国际生态安全合作组织（IESCO）则把生态安全分为自然生态安全、生态系统安全和国家生态安全三种类型，三种不同类型的生态安全对应着不同的构成要素。国际上有关生态安全的前期研究多集中于自然生态系统的研究，如栖息地生态安全、生物多样性保护，后来逐渐强调从国家或区域尺度上进行生态整体规划，特别是重要生态区的生态保护与管理，表明其研究主旨逐渐向社会经济耦合发展，注重生态安全规划、生态安全政策的研究。

生态安全并非生态与安全概念的简单交集，就自然生态系统自身而言，指生态系统内部要素之间在和谐一致、良性循环的基础上呈现出由低级到高级、由简单到复杂，从动荡到稳定、从无序到有序的动态演化进程；从人类与自然生态系统的视角出发，生态安全是指一个国家或地区生存和发展所需的生态环境处于不受或少受破坏与威胁的状态，即自然生态环境既能满足人类和生态群落的生存和发展的要求，同时不损害自然生态环境潜力的测度指标。本课题研究着眼于广义的生态安全概念，即生态安全是基于人类社会发展的视角，强调自然生态环境在维持自身生态系统结构稳定、功能协调的基础上，能够有效地支持社会经济可持续发展，保障维护人类社会的生产、生活活动以及人类生命安全和身体健康状况不受生态破坏、损害或威胁的性质、状态和能力。

就学科属性而言，生态安全经历了一个由自然科学领域研究的范畴

---

① 宗浩主编：《应用生态学》，北京：科学出版社，2011 年 2 月版。
② 邓玉林，彭燕著：《岷江、沱江流域水土流失与生态安全》，北京：中国环境科学出版社，2010 年版，第 34 页。

逐渐进入社会科学研究视角的过程，逐渐成为可持续发展及生态社会学、地理学、环境学、生态经济学等领域研究的热点话题，这种研究态势的转变不仅体现出人们对日益严重的生态危机问题的现实关切，也凸显出人们试图从生态危机的表象追溯、剖析引发生态危机的思想文化根源，对人类社会的生产、生活方式进行全方位反思，并进一步上升到人与自然关系和谐统一、科技理性与工具理性的辩证分析，以期达到实现经济价值、社会价值与生态价值有机整合的哲学认识。

二、生态安全的构成要素

生态安全简而言之就是生态系统的安全，指在特定的时空范畴内，不仅包括生物与其生存环境之间的相互关系，也包括生物与非生物环境之间的彼此联系、相互影响，共同构成一个庞大、复杂的整体。因此，生态安全的构成要素丰富多样，主要包括土地资源、水资源、能源资源安全、大气环境、森林资源以及生物物种安全等，各要素之间紧密联系，只要其中某个要素出现状况，势必牵连、影响其他要素，进而对整个生态系统的安全造成影响。

1. 国土资源安全

土地是一切生产和生存的源泉，是人类进行物质生产不可缺少的生产资料，是经济社会发展的物质基础和社会关系实现的重要载体，因此，它也是构成生态安全的重要基础因素，是国家安全的根本。国土资源安全状况与国土资源的数量、质量和结构密切相关，在不同的历史时期，影响国土资源状况的方式、结果表现有所不同。目前，我国国土安全形势不容乐观，虽然国土面积绝对数量大，但可利用的面积少，人均占有土地少；土地类型多样，空间分布差异明显；一些地区的土地受污染严重，耕地环境质量下降严重，废弃工矿业用地的土壤环境令人担忧。归纳起来，主要体现在以下几个方面：

土地退化量大面广，土壤侵蚀现象严重。土壤是人类赖以生存的物质基础，是环境的基本要素，是农业生产的最基本资源。土壤侵蚀是指土地受到自然力（如风力、水力、重力等）和人类活动的影响，引起土壤外部、内部组成物质被破坏的全过程。侵蚀可以分为常态侵蚀和加速侵蚀。常态侵蚀是一个自然过程，指在不受人类影响的情况下，土壤在自然环境中的侵蚀；加速侵蚀是常态侵蚀的加剧，由人类在改变自然植被和土壤条件的活动中引起，是人类活动造成水土资源恶化及土地生产力的耗竭和破坏。在我国西部地区土壤侵蚀以后者居多。

由于受气候特点和人类活动的影响，我国土地沙化问题非常突出，是世界上受沙漠化危害最为严重的国家之一，而西部地区又是沙化面积分布最大的重灾区，沙漠化扩展速度非常快。人口的增长使现有生产性土地的压力明显加大，迫使人类生存、生活的边界线推进到濒临潜在的沙漠化危险的地带。樊胜岳等学者（2015）从人类沙漠化行为主要方式进行分析，明确提出"人口压力引起脆弱生态地区沙漠化的机制，人类滥垦、滥采、滥牧、滥樵等因素引起沙漠化的发生和发展，生态因素与社会、经济因素复杂的相互耦合过程所致"[1]。而石漠化是我国西部南方喀斯特地区的典型的区域性灾害，与北方的沙漠化一起，构成了"南石北沙"的灾害格局。贵州省在西部地区的区域经济发展过程中凸显的问题比较具有代表性，在相当长的一段时间以来，贵州的发展问题在相当大的程度上可以归结为贫困问题，而贫困现象又与在喀斯特地形地貌发育带来的环境承载力偏低、人口压力大、生产生活条件恶劣有着千丝万缕的联系。

---

① 樊胜岳，聂莹，陈玉玲著：《沙漠化政策作用与耦合模式》，北京：中国经济出版社，2015 年版，第 27 页。

耕地面积逐步减少，耕地环境质量下降。由于历史悠久、人口众多，工业基础薄弱，传统农耕作业生产导致人口对土地的压力很大，因此对生态环境的胁迫较大[①]。自改革开放以来，由于土地利用的方式、渠道的调整、变化，我国土壤环境状况总体不容乐观。一方面突出表现为耕地面积总量呈现持续性减少的趋势；另一方面，由于耕地产出多、投入少，长期用养失衡，导致耕地地力退化严重，土壤板结、地力下降成为全国耕地使用过程中的突出问题。我国耕地土壤有机质含量偏低，土壤养分平衡失调，缺少营养元素的耕地面积日益增加，和世界上发达国家的耕地地力水平相比，存在较大差距。如中国土壤和欧洲同类土壤相比，棕壤平均低 1.5% ~ 2.0%，褐土低 1.0%，黑钙土低 5% 左右[②]。目前，工业"三废"、污水灌溉、农药、化肥、地膜不当使用等导致耕地土壤污染严重。我国 20% 左右的耕地面积受到重金属污染，其中镉、砷、铬、铅四种无机污染物含量呈现出不断升高的态势，受重金属污染的粮食造成经济损失高达 200 亿元。土壤污染日益严重，导致农产品安全、粮食安全受到威胁。

在我国城镇化进程中，由于城市规模发展过快，过度开发、建设占用耕地过多，同时存在城市土地利用效率总体偏低的突出问题；通过占用土地使地方经济得以实现增长，而这种经济增长是以牺牲大量土地资源为代价的低生态效能式的、粗放型增长。一些地方的城市化发展进程中，存在建设用地无序扩张，与城市空间发展脱节，出现不少违法、违规用地现象，导致部分地区耕地不同程度荒芜，土地资源被破坏、浪

[①] 傅伯杰，刘国华，欧阳志云等著：《中国生态区划研究》，北京：科学出版社，2013 年版，第 13 页。

[②] 杨帆，徐洋，崔勇，孟远夺，董燕，李荣，马义兵：《近 30 年中国农田耕层土壤有机质含量变化》，《土壤学报》，2017 年第 5 期 1047 页。

费。再有，工业污染、城市生活污染以及旅游污染向农村转移的趋势明显，使城郊接邻部环境保护形势日趋严峻。

十八大以来，党中央、国务院将耕地保护放到了前所未有的重要位置，多次强调要保障耕地面积不变，同时注重质量保护，坚守18亿亩耕地的保护红线。一个关乎14亿人口生存与发展的严峻现实要求我们要切实加强土地安全保障，真正实现代际的可持续发展。土地资源的安全是生态安全构成的重要因素，在确保18亿亩耕地资源的前提下，使国土资源的安全、质量得到不断提升，这是我国目前生态安全领域迫切需要解决的重要问题。

2. 水资源安全

联合国教科文组织早在2003年就提出警示："在人类面临的各种社会和自然资源危机当中……水危机是对我们的生存和我们所在的星球最大的一种威胁。"[1] 1894年，在美国地质调查局（USGS）新设立的部门——水资源处（WRD）出现了"水资源"一词，这是"水资源"在正式机构名称中的最早出现，并且一直沿用到现在。

对水资源的定义，在英国的《不列颠百科全书》中是指"整个自然界中各种形态的水，包括气态水、液态水和固态水的总量"。《中华人民共和国水法》中提出，"本法所称水资源，包括地表水和地下水"。《中国资源科学百科全书》中提出的水资源是指"可供人类直接利用、能不断更新的天然淡水，主要指陆地上的地表水和地下水"[2]。可以看出，不同的表述主要是从水资源的来源不同以进行区别，而在实际的理

---

[1] ［德］佩特拉·多布娜著：《水的政治——关于全球治理的政治理论、实践与批判》，张朝晖译，北京：社会科学文献出版社，2011年版，第5页。

[2] 陈开琦：《我国水资源安全法律对策研究》，《中共四川省委省级机关党校学报》，2012年第5期，第5页。

论运用中，对水资源一词进行范围的限定和内容的明确实有必要。

对于水资源安全的准确概念，比较具有代表性的观点是郑通汉（2003）提出的广义和狭义的水资源安全概念。"广义的水资源安全是指国家利益不因洪涝灾害、干旱、缺水、水质污染、水环境破坏等造成严重损失；水资源的自然循环过程和系统不受破坏或严重威胁；水资源能够满足国民经济和社会可持续发展需要的状态。狭义的水资源安全是指在不超出水资源承载能力和水环境承载能力的条件下，水资源的供给能够在保证质和量的基础上满足人类生存、社会进步与经济发展，维系良好生态环境的需求。"[1]

3. 大气资源安全

作为地球的重要圈层，大气圈与人类和生物的生存环境有着极为密切的联系，它所形成的各种能量广泛运用于我们的生产生活中，最基本的包括臭氧层吸收相关紫外线保护生命安全，在对流层和平流层形成的光能、风能等对农业、通信等领域起着重要作用，还有无线电通信所依赖的高空磁层等等。

大气组成成分非常复杂，且处于不稳定的状态，由于自然界中如火山喷发、森林火灾等突发自然灾害，人类不当活动的干扰，或者人类扰动与自然扰动效应叠加，如日本福岛核电站泄漏事故等，都会对大气产生影响，使大气中某种成分含量超过或低于自然状态的正常值，造成大气平衡失常。

近年来，我国大气污染问题引起国民的高度关切，已经成为一个关系民生福祉的重大问题，不仅引发社会公众的猜疑、关切和担忧，甚至一度影响人们正常的生产秩序、生活状况。国际科学理事会提出，二氧

---

[1]　郑通汉：《论水资源安全与水资源安全预警》，《中国水利》，2003年第6期，第20页。

化碳过量排放是导致全球气候变暖的主要原因，是当前世界首位生态安全问题。造成大气污染的因素有：工业有毒金属微粒、汽车尾气、垃圾焚化中的有毒、有害粉尘、烟雾等污染物的过量排放，使大气原有状态发生改变，造成各种严重污染状况。

表2-1 我国空气质量年均值监测达标情况一览表（2012—2018年）

年份	执行《环境空气质量标准》（1996）监测城市（个）	空气质量年均值达标城市比例（%）	开展《环境空气质量标准》（2012）监测城市（个）	空气质量年均值达标城市数量（个）	空气质量年均值达标地级以上城市比例（%）	空气质量年均值超标城市（个）	空气质量年均值超标城市比例（%）
2012	325	91.4	–	133	40.9	–	–
2013	256	69.5	74	3	4.1	71	95.9
2014	–	–	161	16	9.94	145	90.06
2015	–	–	338	73	21.6	265	78.4
2016	–	–	338	84	24.9	254	75.1
2017	–	–	338	99	29.3	239	70.7
2018	–	–	338	121	35.8	217	64.2

资料来源：2012—2016年《中国环境状况公报》，2017—2018年《中国生态环境状况公报》

备注：2012年2月，《环境空气质量标准》（GB3095—2012）正式发布，并于2016年1月1日起在全国施行。

就总体而言，我国对空气质量监测开展实施的范围进一步扩大，开展《环境空气质量标准》（2012）监测城市从2013年的74个增加到了2018年338个，我国空气质量年均值超标城市从2013年的71个，增加到2018年的217个，空气质量年均值达标城市数量从2013年的3个上升到了2018年的121个，仅占监测城市比例的4.1%，而在2013年空气质量年均值超标城市比例高达95.9%，令人触目惊心。其次，监测城市的数量明显增加，表明我国政府逐年加大了对空气质量的监控力度，采取改善空气质量的一系列措施取得显著成效；城市空气质量出现明显改善，年均值达地级以上标准的城市从 2013 年的 3 个上升到 2018 年的 121 个，与 2013 年相比上升到了 35.8%；空气质量年均值超标城市比例与 2013 年 95.9% 相比降幅明显，2018 年有 64.2% 的城市出现空气质量年均值超标，说明当前的空气质量的改进容不得半点松懈的思想苗头，我国空气质量仍有进一步改善的空间。真正实现还国民一个澄澈蓝天的目标还需要进一步努力，必须持续推进改善空气质量的系列举措。

大气污染的另一个突出表现就是硫氧化物、氮氧化物的超量排放导致大气酸化、形成酸雨的问题。我国酸雨类型主要以硫酸型酸雨为主，污染区域主要集中在长江以南和青藏高原以东地区，在西部地区的重庆、四川东南部、广西北部地区均有出现。根据 2018 年《中国生态环境状况公报》，在我国开展降水监测的 471 个城市（区、县）中，出现酸雨的城市比例为 37.6%，酸雨频率平均值为 10.5%，酸雨面积为 53 万平方千米，占国土总面积的 5.5%（见图 2-1）。与 2015 年相比，在我国开展降水监测的 480 个城市（区、县）中，酸雨频率平均值是

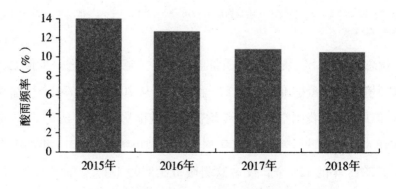

图 2-1　2015—2018 年酸雨出现频率年际比较

资料来源：2015—2016 年《中国环境状况公报》，2017—2018 年《中国生态环境状况公报》

14%，出现酸雨的城市比例为 40.4%，酸雨区域面积为 72.9 万平方千米，占国土总面积的 7.6%。由于加大治理力度，酸雨出现频率、分布面积以及降水酸度方面呈现出逐年下降趋势。

4. 能源资源安全

作为人类活动的物质基础，能源是指能够转化并为自然界提供能量的物质。对世界上任何一个国家来说，经济社会的发展都需要优质能源和先进能源技术的支撑，且能源结构的合理化对人类社会的全面协调可持续发展具有重要影响力。

一个国家的能源禀赋、生产和消费状况、进口依存度及价格波动等因素，都会对能源安全问题造成影响。在自然禀赋方面，我国有着丰富的能源资源储量，已探明储量呈较快增长趋势。"2013 年底我国煤炭资源探明储量新增 520.7 亿吨，比 2012 年增长 3.1%；石油资源地质储量新增了 10.84 亿吨，其中新增探明技术可采储量 2.02 亿吨。"① 但是由于能源资源地理分布不均和能源使用技术水平较低，严重地影响了我国能源资源的有效利用，主要表现在以下几个方面：

①我国拥有比较丰富且多样的能源储量，但人均能源相对不足，人均能源占有量偏低。比如我国探明的人均煤炭储量只有世界平均值的一半，人均石油储量只有世界平均水平的 17%。

②我国能源资源分布地理不均的问题比较突出，主要体现在我国西部地区的石油能源储量全国占比为 34.83%，天然气储量为全国的 83.14%，约 64% 的煤炭资源都分布于华北地区，西部地区拥有的水资源总量占全国 51.99%，而其中近 70% 的水电资源分布于西南地区。由于能源消费的主要区域集中在东部较发达地区，所以出现了"北煤南

---

① 朱青，罗志红：《基于灰色关联模型的中国能源结构研究》，《生态经济》，2015 年第 5 期第 34 页。

运""西煤东运""西电东送"等能源输送格局，在能源输送过程中难以避免能源浪费和损失的问题。

③能源生产和消费结构不合理。在中国工业化发展的过程中，煤炭始终是能源生产和消费的主体（见表2-2），高碳化是主要特征。煤炭的使用曾经对中国工业经济的发展起到举足轻重的作用，但是由于能源生产和消费结构长期存在呈现过于偏重煤炭的倾向，煤矿开采水平低、煤炭利用效能低，造成了环境污染和生态破坏日益严重。

表2-2　我国能源消费总量及构成（1978—2017年）

年份	能源消费总量（万吨标准煤）	占能源消费量的比重（%）			
		煤炭	石油	天然气	一次电力及其他能源
1978	57144	70.7	22.7	3.2	3.4
1980	60275	72.2	20.7	3.1	4.0
1985	76682	75.8	17.1	2.2	4.9
1990	98703	76.2	16.6	2.1	5.1
1995	131176	74.6	17.5	1.8	6.1
2000	146964	68.5	22.0	2.2	7.3
2005	261369	72.4	17.8	2.4	7.4
2010	360648	69.2	17.4	4.0	9.4
2015	429905	63.7	18.3	5.9	12.1
2016	435819	62.0	18.5	6.2	13.3
2017	449000	60.4	18.8	7.0	13.8

资料来源：《中国统计年鉴》1978—2018

④能源资源进口依存度过高。在城市化的进程中，国家发展对能源资源的依赖性越来越强。国际公认的原油进口"安全警戒线"是50%，但是在2013年，我国原油的进口量2.82亿吨，对外依存度就已经达到58.5%，这必然成为中国未来能源安全领域最突出的问题。因此，迫切

需要改变我国能源生产、消费结构以及能源进口依赖度过高的问题，否则将对未来能源安全形成严峻的挑战。

5. 森林生态安全

号称"地球之肺"的森林，是地球上最大的生态系统之一，在生物圈中居于非常重要的地位。森林资源是把太阳能量转变为地球所需能量的重要枢纽，它不仅为各生物物种提供了不可或缺的栖息、繁衍场所，维持地球生态系统的平衡，也在孕育、滋养人类文明发展等方面发挥着重要作用，森林资源对生态安全具有举足轻重的意义。

森林生态系统是生产森林资源的场所。森林生态系统是陆地生态系统中面积最大、分布空间最广、陆地生物产量最高、孕育生物物种数量最多，也是在陆地生态系统中对生物圈环境功能影响最显著的生态系统。森林生态系统在其发生、发展的过程中，经过了一个长期的、漫长的自然演化过程，才逐步形成稳定的生态系统。在这个生态系统中，由于能量、物质的输入和输出相对平衡，其自我调节的功能、抵御各种灾害和干扰的能力也是最强的。在森林生态系统中，生物因子与非生物因子之间相互依赖、相互影响，森林强大的根系能够固持土壤、涵养水源，丰富的落叶有利于改良土壤，浓郁的树冠及叶片具有净化空气、调节气候，为野生动物提供栖息、繁育的家园，促进和保障农业高产、稳产等一系列森林生态功能。近些年来，国际、国内在生态环境治理和修复工程中，森林生态系统对生态安全的重要性得到了越来越多的认可和重视。

森林为人类社会的发展提供了数量丰富、类型多样的资源，但是我们对森林资源的消耗及破坏也是惊人的。尽管我国实施了天然林保护工程、退耕还林工程等一系列保护森林资源的举措，但森林资源整体性恶化仍是一个严峻的事实。我国森林资源和生态环境形势不容乐观，首先表现为森林总体数量不足（我国森林蓄积量为 101 亿 m^3，人均 8.6m^3，是世界平均水平的 11.7%，排名世界第 139 位）[①]；其次，人均占有量少，目前人均森林面积 0.145hm^2，不足世界人均占有量的四分之一；森林覆盖率低，2019 年仅为 22.96%，与世界平均 32% 的森林覆盖率还有很大的差距，属于森林资源匮乏的国家之一；最后，我国的森林资源结构不合理，森林质量不高，林木龄组结构不合理，人工林比例大，树种单一，生产力低，残次林比重大，分布不均，生态服务功能差，已经成为影响我国森林生态安全的突出问题。

我国西部地区森林生态系统面临着气候灾害、人类活动影响、外来物种入侵等多方面的严峻挑战，鉴于此，需要从法律、管理、教育等方面采取综合措施，以确保森林生态系统的安全。

6. 生物多样性

生物多样性是对生物群落的结构特点及物种种类数量的一种描述，主要指一个生物群落所具有的特征，地球生物多样性经过了约 30 亿年漫长的自然演化过程，是人类共同的自然资源。联合国 1992 年 6 月通过的《生物多样性公约》第 2 条规定："生物多样性即为所有来源的活的生物体中的变异性，这些来源包括陆地、海洋和其他水生生态系统及其所构成的生态综合体，它包括物种内、物种间和生态系统的多样性。一般说来，生物多样性包括遗传多样性、物种多样性和生态多样性。"

保障生物生态安全，实现生物遗传资源的永续使用，生物多样性是不可或缺的重要因素。目前，世界大约有 1300 万～1400 万个物种，经过科学描述过的约有 175 万种。森林的整体生态效能与生态多样性紧密相关，统计显示，占全球土地面积仅 22% 的森林面积中有着 70% 以上

---

① 傅伯杰，刘国华，欧阳志云等著：《中国生态区划研究》，北京：科学出版社，2013 年版，第 13—14 页。

的物种，特别是热带森林，面积仅仅只有全球总面积的7%，却集中了地球一半以上的物种，其中90%以上属于灵长类动物。

　　我国生物资源的种类和数量在世界上占据重要地位，生物物种多样性在全球居第八位，但是由于人类活动的扰动致使我国生物多样性面临着严重威胁。目前，影响生物物种安全主要有两大因素：一个是由于人口膨胀以及农村和城市扩张，长期不合理采伐原始森林，动植物资源过度利用，导致动植物生存的空间和条件不断被人为挤压、破坏，导致生物物种种类减少，许多野生动植物处于濒危状态甚至灭绝。另一个影响物种安全的因素是外来物种入侵。外来物种入侵（Alien Species Invasion）是指"外来物种由原生地经自然或人为途径进入另一个生态环境，并在该生态系统中定居、自行繁殖建群和扩散而逐渐占领新栖息地的一种生态现象"①，生物入侵是导致生物多样性减少和丧失的重要原因之一。以原产于墨西哥和哥斯达黎加的紫茎泽兰为例，一旦侵入到某一区域，3年以后其覆盖率就可达到85%～95%。② 20世纪40年代，紫茎泽兰从缅甸边境传入云南后，经过河谷、公路、铁路悄然扩张，以每年10～30公里的速度不断向北扩散、传播，其野蛮生长的态势致使四川、贵州、广西、西藏等省区数十个县的山地、林场被占据，漫山遍野的紫茎泽兰不仅使自然景观遭到破坏，更使生态系统的稳定性、平衡性受到冲击，也带来人类社会经济的严重损失。牛羊在误食紫茎泽兰后轻则腹泻、掉毛、生病，重则使母畜不孕、流产甚至死亡。外来物种入侵问题的防控本属不易，而一旦外来物种生物入侵成功，造成生物多样

---

① 胡隐昌等：《浅议我国外来物种入侵问题及其防治对策》，《生物安全学报》，2012年第4期，第256页。

② 杨成著：《外来物种入侵的文化对策研究——以贵州和内蒙古少数民族地区为例》，北京：民族出版社，2013年版，第26页。

性的损失难以估量，所要花费的时间、精力、费用都难以计数。云南省为控制紫茎泽兰危害，每年投入费用为 80 万元①，防治成效有限。

任何一个物种的消失或者过量的存在，都会对经历了长期自然演替后形成的生态平衡造成影响，引发生态失调，进而破坏生态安全。因此，物种资源的安全也是维护生态安全的重要内容。

三、生态安全的评估

学术界对生态安全的研究，主要着眼从生态风险分析和生态系统健康进行，在生态安全评价方面，西方国家学者先后提出了如下生态安全评价模型，如表 2 – 3。

表 2 – 3　生态安全评价模型

模型构建的机构（组织）	时间	评价模型
经济合作发展组织（OECD）联合国环境规划署（UNEP）	1994 年	PSR 模型：（Press—State—Response）"压力—状态—响应"
联合国可持续发展委员会（CSD）	1996 年	DSR 模型：（Driving Force—State—Response）"驱动力—状态—响应"
Corvalan 等	1996 年	DPSEEA 模型：（Driving Force—Pressure—State—Exposure—Effect—Action）"驱动力—压力—状态—暴露—影响—响应"
欧洲环境署（EEA）	1998 年	DPSIR 模型：（Driving Force—Pressure—State—Impact—Response）"驱动力—压力—状态—影响—响应"

可以看到，上述生态安全评级模型的构建不同程度地考虑到人类活

①　杨成著：《外来物种入侵的文化对策研究——以贵州和内蒙古少数民族地区为例》，北京：民族出版社，2013 年版，第 29 页。

动对环境的影响，随着对生态安全进行评价的指标体系不断丰富，对自然生态系统发生的质和量的变化通过评估数据，能及时反应生态安全状况的动态变迁，从而使得生态安全评价的信度、效度更高，为减少和缓解生态不安全状况提供有针对性的应对举措及有力的数据支撑。因此，具有较为广泛的应用基础。

我国生态安全研究始于 20 世纪 90 年代，目前研究成果主要体现在国家生态安全预警、生态安全区域性评价、生态景观格局分析以及生态安全设计的原则与方法等，其中不乏理论价值和应用价值突出的研究成果，但就整体而言，生态安全研究尚处于理论研究和实践探索都较为薄弱的阶段，进一步深入探索、拓展研究的空间很大。

与国外生态安全评价注重量化数据的评价模型相比，国内有关生态安全评价的研究，主要着眼于对生态安全评价模型的构建、评价方法的优劣利弊、评价指标体系权重以及生态安全评价技术手段的创新、探索等方面，以期不断完善和丰富生态安全评价指标体系的构建。有关研究成果主要着眼于选取局部地域如省域、市域、主要河流流域范围开展生态安全评价，针对研究个案深入探讨分析，开展实验性对比研究等。而立足于整个西部地区的区域性生态安全评价明显偏少，针对生态安全现状提出构建生态文明建设的对策性建议则更是缺失。

国内生态安全研究涉及生物种群、生态系统、区域性生态安全、流域生态安全以及构成生态安全的要素分析等，由于生态系统具有稳定性、整体性、平衡性和协调性要求，因而需要结合生态系统的结构和功能进行生态风险评估和辨析。开展生态安全评价的方法由最初的生态模型法、数学模型法、景观生态模型法、数字地面模型法等方法[①]，逐步

[①] 邓玉林，彭燕著：《岷江、沱江流域水土流失与生态安全》，北京：中国环境科学出版社，2010 年版，第 38 页。

向多种方法并用的复合评价模型转化。一些学者在综合各方法优劣的基础上，相继开发了多种方法结合的模糊综合评判法、灰色关联复合模型法、生态安全因子分析法、景观生态安全格局法等，使研究方法趋于多元化。由此，在生态安全的研究成果上，突出动态观测与静态指标的结合，结合生态足迹理论、生态承载力、绿色 GDP 等生态学理论与人为扰动的社会因素进行综合考察、分析。随着现代遥感技术 RS（Remote Sensing）、全球定位系统 GPS（Global Position System）、地理信息系统 GIS（Geographical Information System）的运用，逐步实现了与网络技术、现代通信技术的有机整合，3S 技术带来了明显的精度高、可量化的参照数据信息优势，与生态安全评价指标叠加运用，从而使生态安全的研究成果在精准性、科学性、规范性以及宏观性方面有了更加坚实的技术信息支撑。

生态安全的本质涵盖生态风险和生态脆弱性两个方面的内容。生态风险是指生态系统及其构成组分所承受的、来自自然领域和社会领域中不可预知的风险，对一定区域内具有不确定性的人为扰动或自然灾害扰动因素对生态系统及其组分的可能产生的不利影响。生态风险具有动态性、危害性、不确定性的特点。生态风险评价的主要内容是界定生态风险源、评估生态风险作用的过程、进行生态风险危害与结果的分析与评价。生态风险评价是根据现有的、已经掌握的资料对未知发展前景和后果进行预测的过程，其核心在于通过梳理、分析威胁生态系统及其组分的风险源，预测评估生态风险可能引发的负面效应，由此提出相应对策。

生态脆弱性是景观或生态系统在特定时空尺度上，对于人为扰动或自然灾害扰动表现出的敏感反应以及恢复生态平衡的能力和状态，它是

"生态系统的固有属性在干扰作用下的特征表现"①。在我国西部地区，历史上多为自然灾害频繁发生之地，局部地区生态环境尤为脆弱，同时又是资源富集地区，西部地区生态安全状况必须高度关注。

生态安全是国家安全和社会公共安全的一部分，是一个关系到人类社会可持续发展、国家政权巩固和延续以及维系人类命运共同体的宏大课题。随着人口激增的态势，人类生产、生活活动对自然界扰动的深度、广度、力度明显增加，给生态环境造成的压力也在不断增大，土地遭受侵蚀、荒漠化、盐碱化、大气环境污染、海洋生态环境恶化、森林资源锐减、物种多样性减少等一系列问题日渐突出。由于生态环境退化和生态破坏，导致全球气候变暖、冰川消融、海平面上升，极端天气出现的频次、幅度、范围明显扩大，生态问题一次又一次向人类敲响警钟，生态安全问题已经构成了对区域社会经济的发展、进步和国家安全、人类自身生存、发展的威胁。

影响生态安全的主要动因源于自然界与人类的生产、生活活动叠加效应，由于生态安全负面效应具有外溢性特征，不仅局限于某一个特定区域，而是通过不断辐射、延伸到区域周边生态安全；生态安全问题也不再局限在某一个或几个国家，随着全球性的生态危机扩散、蔓延，必然波及影响周边国家直至人类共同拥有的地球。可以说，在生态安全问题上，没有任何国家、任何地域、任何公民能够置身事外，做一个轻松的旁观者。积极关注生态安全现状，有助于增强公民生态安全的忧患意识，培养、化育维护生态安全的责任意识，促进自然生态与经济社会协调发展，避免出现资源衰竭导致发展后劲乏力，由于环境污染和生态退化影响区域经济社会的可持续发展，进一步改善民生福祉、提升生态环

---

① 高吉喜，吕世海，刘军会著：《中国生态交错带》，北京：中国环境科学出版社，2009年版，第4页。

境质量，最终建立资源节约型、环境友好型社会。

2000 年 2 月，联合国环境署执行主任托普费尔在"生态安全、稳定的社会秩序和文化会议（新德里）"中指出："生态变化是国家或国际安全的重要组成部分，生态退化则对当今国际或国家安全构成严重的威胁。"① 这是联合国首次在世界范围内明确提出生态安全具有国家发展战略层面的重大意义以及在国际安全领域的重要地位和作用。2000 年 12 月，我国颁布了《全国生态环境保护纲要》，首次明确提出"维护国家生态环境安全的重要目标"。我国新一代中央领导集体把维护生态安全放在国家发展战略的突出位置，明确提出要"划定生态红线，构架科学合理的城镇化推进格局，农业发展格局、生态安全格局和区域生态安全，提高生态服务功能"②。生态安全是国家安全的重要组成部分，与军事安全、经济安全和政治安全共同构筑国家安全体系，生态安全在社会经济可持续发展过程中，具有至关重要的战略意义。

四、生态安全的主要特征

随着人口剧增和经济活动的增多，人类活动造成环境压力的不断增大，大气环境污染、海洋生态环境恶化、森林资源锐减、物种加速灭绝、土地遭侵蚀、盐碱化、沙化等破坏，让一切有识之士倍感忧虑。在人类活动的扰动作用下，特别是现代工业化发展带来大量的煤炭、石油和天然气燃烧导致大气中温室气体浓度大幅增加，温室效应导致了大气层和地球表面温度不断上升，从而引发了对自然生态体系和人体健康的

---

① 董险峰，丛丽，张嘉伟等编著：《环境与生态安全》，北京：中国环境科学出版社，2010 年版，第 9 页。

② 习近平在中共中央政治局第六次集体学习时强调坚持节约资源和保护环境基本国策努力走向社会主义生态文明新时代，《人民日报》，2013 – 05 – 25（01）。

破坏和影响。一系列全球性生态灾难的暴发，构成了对国家安全、社会发展和人类自身安全的威胁，一次又一次向人类敲响了警钟。

自然生态系统由海洋、生物、大气、森林、草场、土地等组成，不仅是人类赖以生存、发展的物质基础①，也是维持人类社会可持续发展、确保国家安全以及维系人类命运共同体的基础，被公认为是构建国家安全体系中的主要组成部分。维持生态系统的安全是实现区域可持续发展的基础与核心。越来越多的事实表明，生态破坏将使人们丧失大量适于生存的空间和资源，并由此可能引发社会层面的动荡、失序。生态安全具有整体性、基础性、自然性、社会性、全球性、动态性、不可逆性和长期性等特点，其内涵十分丰富。

1. 整体性和基础性

自然生态系统是相互联系和影响的统一体，人类所赖以生存的生态环境不仅包括自然生物环境，也涉及自然安全环境。任何一个区域性生态系统的破坏，都有可能使周边区域或相邻国家甚至导致整体性的生态灾难。由于人类对自然界的改造活动引发生态环境恶化和食物链的破坏，其结果不仅直接危及人类自身的生存与发展，同时也进一步威胁着人类之外的其他物种的生存条件。因此，脱离自然生态系统的整体性讨论生态安全，既不现实也不可能，因为它们是互相依存、互相渗透、互相统一的有机整体，具有相互转化的一致性特点。

就国家总体安全观来看，早在 2014 年，中央国家安全委员会第一次会议中已指出："生态安全属国家安全体系的重要组成部分。国家安全观构建集政治安全、国土安全、军事安全、经济安全、文化安全、社会安全、科技安全、信息安全、生态安全、资源安全、核安全等于一体

---

① 岳跃国，韩东起：《不能让生态安全成为国家安全的短板》，《祖国》，2014 年第 11 期，第 24 页。

的国家安全体系。"生态安全作为国家安全的自然基础,其体系中任何一个状况发生了变化,必将会牵涉并引发其他安全要素的变化,因此具有基础性的特点。同时,生态安全由自然生态系统、人类系统、社会系统等要素组合构筑,生态安全状况对实现人与自然和谐发展,促进国家进步、繁荣起着十分重要的基础性作用。因此,生态安全更加突出地体现了自然生态与人类社会生活的和谐统一。

2. 自然性和社会性

生态安全在自然生态系统中占据重要地位。从自然维度看,自然因素作用于生态安全,在人类社会经济活动的影响下,自然生态系统正发生变化,由于全球地表温度不断上升、臭氧层遭到严重破坏、大气层收支不平衡,导致了生物物种锐减,最终形成影响人类自身安全的全球性生态问题,而这一切自然生态要素的变化,源于生态安全系统中包括饮用水与食物安全、空气质量与绿色环境等基本要素的改变。因此,生态安全状况成为社会安全与否的一个重要因素,一个国家社会、经济能否实现可持续发展,必须考虑生态安全状态及发展演化的趋势,自然因素的重要性不言而喻。

从社会维度看,生态安全不能脱离人类社会而孤立生存,生态安全问题对社会的影响不仅在当代,也必将对人类社会未来的发展产生深远的影响。在生态环境中,人类不当活动的扰动导致生态系统受到破坏,绝不仅仅是一种自然现象,而是由于人口剧增、人类活动日益频繁、工农业生产方式变更带来的具有社会属性的问题,其中,在人地矛盾日趋加剧等人为因素为主导的作用下,生态环境压力不断叠加,最终形成具有社会属性和自然属性的生态安全问题。再者,维护和保障生态安全,还需要积极协调自然生态与人类社会性的生产和发展需求与矛盾,发挥人的主观能动性,使人类更好地适应社会经济发展以及自然生态的发展和需要。因此，生态安全具有自然性和社会性相互协调、一致的特征。

3. 全球性和动态性

随着全球化进程的不断加快，生态安全问题已逐渐成为超越国家地理界限、跨越国际的共同安全问题，并影响着全球化进程。目前，人类正在经历着前所未有的、影响人类生存和发展的全球性生态危机，其中诸如全球温度上升、生物多样性被破坏、土地沙化、盐碱化程度加剧、水资源遭污染等问题，都不是某一个国家能够单方面解决的问题，而是需要国际社会共同面对。例如我国西部地区处于全球四大沙尘暴区之一的中亚沙区，是全球现代沙尘的高活动区，造成我国沙尘暴现象的尘源地分别来自境内和境外尘源地。从 2001 年至今，在我国发生的 33 次大规模沙尘暴事件中，其中有 22 次是在蒙古国南部戈壁荒漠区，有 6 次源于在哈萨克斯坦东部的沙漠区域。生态安全问题具有跨国性的特点，在当前的国际关系格局中，每个国家都把维护本国的战略安全利益置于首位；必须看到，在生态安全问题上，人类必须共同携手才能真正维护人类自身的共同利益。涉及人类生存与发展的生态不安全问题一旦出现，势必影响和危害到周边国家和地区。例如素有"东方多瑙河"之称的澜沧江——湄公河，近年来由于上游水电开发、流域内大型矿山的开发，带来的生态环境问题已经引起下游国家乃至国际社会的高度关注。中国在湄公河流域进行生态安全监控和采取必要的防控措施，积极维护本国境内的流域生态安全，既使本国民众从中受益，也必然惠及他国，这正是我国"亲、诚、惠、容"周边外交策略的生动体现。

生态安全是一个动态概念，它是一个随着各种生态因子不断变化而发生调整、波动的过程。自然界中各种物质经过数十亿年的演替发展，孕育了人类以及适于人类生存、发展的资源和环境，如果人类为了自身发展而无视自然的生态意义及价值，肆意破坏自然，必然危及生态安全。生态安全状况处于一个不断发生演替、变化的过程中，在特定阶段以特定方式将反作用于自然生态环境等基础性物质条件，使得一个国家或地区的生态安全状况随着时间的变迁呈现动态变化。现实表明，生态安全的损害可能在比较短的时间内形成，但其生态危害的表现形式可能是隐蔽的、危害表现的时间可能是滞后的，往往难以被人们观察、感知，更遑论及时进行深刻的省察和反思了。如果自然生态系统在遭受破坏后，及时采取针对性的生态恢复、生态治理措施，则有可能促使生态系统功能逐步趋向稳定、协调，逐步恢复正常，这需要一个长期的过程。由于生态因子的动态变化，导致人类生存环境呈现动态变化的特征。

4. 滞后性和不可逆性

生态安全隐患的发生与人类力求通过改造自然的活动推动经济收益增长的目标密不可分。因此，在生态环境逐渐变化的同时，生态威胁也相伴而来。人类无视生态规律和生态价值的经济活动，通常要在生态威胁来临时才有所察觉、省悟，如果没有直接威胁到人类的生产、生活活动，则往往被人们忽略，难以引起人们足够的重视。如习近平总书记所说："生态环境没有替代品，用之不觉，失之难存。"① 比如，人类为了满足生存与发展的需要大量砍伐森林，使得森林植被减少；土地受到侵蚀，沙漠化、荒漠化造成水土流失，煤炭和石油的燃烧导致的空气和水资源的污染；在农业生产活动中，大范围超量使用化肥、农药等造成土地污染以及农业生态系统的损害，其严重后果一时难以发现。只有当生态安全问题引发直接、间接的社会经济损失，进而威胁人类自身的生命安全和身体健康权益时，才引起人们的警觉；而此时要达到降低生态风

---

① 《习近平谈治国理政第三卷》，北京：外文出版社，2020年版，第360页。

险、改善生态安全状况的目的，必然付出高昂的生态成本、经济成本和时间成本。因此，生态安全滞后性的特征必须引起高度重视。

生态安全的恢复具有长期性特征。现实表明，生态安全的损害可能在比较短的时间形成，生态因子的变化导致人类生存环境的变化，人类可以借助生态系统的自我修复能力实现生态治理和修复。由于生态环境的承载能力以及自我修复能力都有一定的限度，一旦超过生态环境的自我修复和承载阈值后，必然引发生态系统价值功能的受损、缺失，甚至导致生态系统丧失稳定和平衡，生态安全处于受威胁的状况中。生物物种一旦灭绝，势必影响、损害自然生态系统的完整性、可持续性，是人类无法恢复的。因此，生态安全具有不可逆转性。

5. 广泛性和相对性

生态安全涉猎学科领域非常宽泛，从涉及的学科领域来看，包括社会学、政治学、环境学、生物学、农业学、畜牧学、地质学等诸多学科。脱离生态安全的保障，不仅使自然界的生态平衡受到严重威胁，人类社会经济的发展、进步也必将受到制约，国家安全更是无从谈起。从生态安全成因来看，人类社会中不科学、不合理的生产、生活方式可能直接导致自然生态系统的恶化，可以说，"生态安全的威胁往往来自人类的活动，人类活动引起对自身环境的破坏，导致生态系统对自身的威胁"①。就生态安全的危害范围来看，生态安全不仅可能给人类造成直接或间接的财产损失，形成对人类生命、财产、健康权益的多重危害，进而也会对人类未来社会经济的可持续发展产生影响。

生态安全是一个相对的概念，没有绝对安全的状态。生态安全系统是由人类社会、经济活动和自然生态系统共同组合而成的生态功能统一

---

① 余谋昌：《论生态安全的概念及其主要特点》，《清华大学学报（哲学社会科学版）》，2004 年第 2 期，第 32 页。

体，由多种要素组成，依据其是否满足人类社会可持续发展的程度而划分成不同的生态安全等级。因此，若用生态安全满意程度评价，各个地区生态安全评估指标体系的构建与权重、保障机制也不尽相同。生态安全的状态是相对的、阶段性的，如果人类及时采取有效的生态治理措施以及生态恢复实践，通过实施生态整治和生态保护的系列举措，能够促进生态安全状况不断得到改善、提升，使之更有利于人类社会经济的可持续发展。

第二节　生态文明概述

一、生态文明概念的界定

"文明"一词多指人类社会发展过程中积淀的社会财富的综合，特指精神财富。生态文明既是现代人类文明的重要组成部分，也是未来人类社会文明接续发展的基石。学界关于生态文明概念的定义很多，主要从两个方向来研究：其一，把生态文明看成是独立的文明类型（或文明形态、社会形态）来研究；其二，把生态文明看成是人类任何一个文明时代都存在的生态要素来开展研究。前者观点是从历史分期的角度出发，把生态文明视作人类文明的一种新形态，认为人类在经历原始文明、农业文明、工业文明之后进入一个新的文明时代，即在工业文明后的文明，有人又称之为后工业文明。这种观点把生态文明看成是有别于以往任何一种文明的新形态，认为它的出现有其必然的历史发展逻辑规律，从低到高，从这样的角度来观察生态文明，可以认为它是人类迄今为止最高的文明形态。后一种观点则是从文明构成要素出发，认为生态文明并非是一种新的文明形态，把生态文明界定为任何文明形态都存在的生态要素，认为生态文明是贯穿所有文明形态的要素或维度，并且在文明发展的过程中不断发生着演进、变迁。如果不作出必要的概念界定，具体到生态文明建设的实践路径和方向就会有不同的结论。

为此有必要指出，在本研究报告中，我们所指生态文明是现代社会人类文明的基本形态之一，是在人类社会经历了原始文明、农业文明、工业文明之后出现的一种全新的文明范式。生态文明意味着整个社会在理念、制度、行动的全面变革和创新，标志着人类历史上前所未有的一种新型文明形态的诞生。

二、生态文明形态的演进

人类社会的发展离不开自然生态系统的必要支撑。从宽泛的意义上说，任何时代的文明都遭遇过不同类型的生态灾害，任何文明的发展都伴生过相应的生态实践与理念。但是，古代的生态灾难如复活节岛、玛雅文明的消失，都没有造成人类整体文明的后退。17、18 世纪以来，西方工业文明以狂飙突进之势从西欧一隅扩展到全球，在促使人类社会生产力得以空前提升的同时，在 20 世纪全球范围内以八大公害为标志的生态灾难相继出现。《沙乡年鉴》《寂静的春天》《增长的极限》《我们共同的未来》等一系列书籍对生态灾害的批判与反思，则导致"生态文明"一词在 20 世纪末最终出现。

由此，生态文明是一个现代意蕴非常突出的词汇，它的出现有其独特的历史背景。20 世纪 80 年代以来，不仅各国学者从人口学、伦理学、环境学、正义论、生态学等角度研究生态文明，各国政府也纷纷从社会实践的不同角度开展了以防治环境污染为主要内容的大规模治理行动。在艰难的生态环境治理实践和理论研究探索进程中，人们逐渐意识到生态危机与灾害不是一个单纯的环境治理问题，而是一个错综复杂的社会问题，生态环境问题与社会经济的发展问题相互交错，如果不从人类社会发展的理念上进行全新的突破与超越，就难以实现人类社会的可持续发展，也无法实现人类与自然生态环境的和谐共生。

生态危机作为一种在工业文明后时代内生的痼疾，实质上是无法在工业文明的体系内得到解决，人类必须发展出一种新的文明形态，一种能够克服工业文明弊端的、更高级的文明形态。生态危机问题的解决远不只是一个国家、某个政府或社会组织的任务，而是一个全球性、整体性、系统性的问题，需要全人类来共同参与。生态环境的问题应该提升到一种文明发展形态的认知高度，必须从人类文明发展的历史性、整体性、可持续性角度来思考，才能找到最终解决危机的真正办法。此后，西方各种学派如西方马克思主义者、后现代主义者、生态社会主义者开始基于对资本主义工业文明的批判，对生态危机的解决提出了许多理想化的憧憬和描绘，生态文明就是在这样的背景下提出的。

日本人类文明史学者梅棹忠夫在 1957 年发表《文明的生态史观序说》一文，提出以"生态学"的方法来探讨世界文明史的规律，重视自然环境和生态条件对人类文明史进程的作用；最早提出"生态文明"一词的前苏联环境专家发表在《莫斯科大学学报》1984 年第 2 期的论文《在成熟的社会主义条件下培养个人生态文明的途径》，作者主张教育应当培养个人的生态文明意识，但对生态文明的理解仍然局限在人类进步发展的一种生存状态的认识范畴。我国《光明日报》在 1985 年 2 月 18 日的"国外研究动态"专栏中对这篇文章进行过简略介绍，这大概是国内出现这一词的最早版本。美国生态文明专家罗伊·莫里森在 20 世纪 90 年代初便认识到现代工业文明发展的局限性，提出生态文明将取代工业文明，成为人类社会的一个文明形态。1995 年，他在《生态民主》一书中对"生态文明"进行了清晰的定义，认为生态文明以各种形式的生态民主提供建立和发展的前提条件，首先使用英文的"Ecological Civilization"，中文翻译为"生态文明"，后来成为世界广为引用的概念和理念。在2013年党的十八届三中全会后，莫里森在接受中国新华社记者的专门采访时，称赞中国在可持续发展方面所做出的引领作用，并期待看到中国在改善生态环境的前提下实现经济增长。

可见，生态文明作为在现代工业文明背景下出现的概念，从一开始就是人类思考自身与自然关系、思考人与人之间关系的结果，是从人类文明与生态系统的整体性、关联性、协调性角度来思考的产物。

三、生态文明建设的推进

回顾生态文明一词的由来与推进，应该注意到，"生态文明"理念虽然是国外学者率先提出的，但是在国外的生态环境保护的语境体系中，生态文明作为一种文明形态似乎并没有受到特别的重视。真正将生态文明建设问题体系化、制度化，并上升到国家意志和战略高度，明确提出推进生态文明建设的是中国。

1. "生态文明"在中国的推进

1987年，我国生态学家叶谦吉先生首次明确定义"生态文明"的概念，他认为生态文明是"人类既获利于自然，又还利于自然，在改造自然的同时又保护自然，人与自然之间保持和谐统一的关系"。这是国内最早从生态学和哲学的角度来研究生态文明。1995年，中国科学技术出版社出版了刘宗超的《生态文明观与中国可持续发展走向》一书，首次提出"二十一世纪是生态文明时代，生态文明是继农业文明、工业文明之后的一种先进的社会文明形态"。从20世纪80年代中期到90年代后期，中国学者基本完成了生态文明观作为哲学、世界观、方法论的建构，中国生态文明学派——生态文明北京俱乐部就此诞生。在此基础上，2003年，经国家批准正式成立了全球首家生态文明专门研究机构——北京生态文明工程研究院。它的成立从机构建制、专家队伍、理论研究、政策研究、上书建言、国内外宣传等方面有效地促进了生态文明观的形成与发展，多年来，在一系列实践模式上为生态文明建设和生态产业的发展，切实发挥了引领和示范作用。

2. 十八大以来生态文明建设得以加速推进

进入21世纪以来，"生态文明建设"越来越多地出现在党和政府的重要文件中，成为最具有实践效力的国家政策，受到学界的追捧和热议。党的十七大把生态文明写入党的历史性文献中，并把它与物质文明、精神文明和政治文明并列展开，是对工业文明的超越和当代文明的重要组成部分。十八大以来，生态文明建设理念深入人心，生态文明建设广泛而深刻地改变着中国经济社会发展面貌。在胡锦涛总书记部署下，习近平同志担任组长、负责主持起草的党的十八大报告中，生态文明建设成为治国理政的重要内容，纳入中国特色社会主义事业"五位一体"总体布局，并首次把"美丽中国"作为生态文明建设的宏伟目标，生态文明建设的战略地位更加明确。十八届三中、四中全会先后提出"建设系统完整的生态文明制度体系"，"用严格的法律制度保护生态环境"，将生态文明建设提升到了制度的层面；十八届五中全会提出了"创新、协调、绿色、开放、共享"的新发展理念，使得生态文明建设的重要性更加凸现。在党的十九大报告中，"加快生态文明体制改革，建设美丽中国"的定位更加清晰、准确，推进生态文明建设已经成为一个关乎民生福祉的重大问题，是否能够为人民提供更多优质生态产品，不仅是人民安居乐业的基础，也是我国全面建成小康社会，提高人民生活质量、提升幸福指数的重要内容，明确把生态文明列入到构建富强、民主、文明、和谐、美丽的社会主义现代化强国目标的发展战略中。近些年来，生态问题不仅是人们日常生活中频繁使用的热词，也是各种媒体报道的热门话题、专家学者关注的热议话题，在政府层面，积极回应人民所思、所想、所盼、所急，一系列重要举措相继出台，不仅使我国生态文明建设的进程明显加快，也悄然改变了中国人的生产、生活方式。

习近平总书记高度关注我国生态文明建设，他关于生态保护的"金句"——"绿水青山就是金山银山"被人们反复引述，在当下中国可谓深入人心，成为树立现代生态文明观、引领中国走向绿色发展之路的理论基石。而他提出要"像保护眼睛一样保护生态环境，像对待生命一样对待生态环境"，关于"经济上去了，但环境污染了，老百姓的幸福感大打折扣，甚至强烈的不满情绪上来了，那是什么形势"的教诲告诫，言简意赅却足以令人警醒。2013 年 5 月，习近平总书记在中共中央政治局第六次集体学习时，对生态文明理念进行了详细阐述。他指出，要正确处理好经济发展同生态环境保护的关系，牢固树立保护生态环境就是保护生产力、改善生态环境就是发展生产力的理念，更加自觉地推动绿色发展、循环发展、低碳发展，决不以牺牲环境为代价去换取一时的经济增长。中国政府不仅在推进生态文明理念，同时，通过不断加强制度建设使得生态文明理念得以贯彻、落地、执行。2015 年 5 月，我国首次以中共中央、国务院名义印发《关于加快推进生态文明建设的意见》，明确生态文明建设的总体要求、目标愿景、重点任务、制度体系。同年 9 月，中共中央、国务院出台《生态文明体制改革总体方案》。至此，标志着中国生态文明建设的制度构架基本完成。在这个"四梁八柱"的顶层方案中，对于如何推进生态文明建设，中国提出了非常清晰、明确的制度设计。

首先，推进生态文明建设，关键之处是各地区、各层级领导干部。作为一个强有力的政党和政府，生态文明建设非常强化领导干部的主体责任。中央深化改革小组会议先后审议通过了《关于开展领导干部自然资源资产离任审计的试点方案》《党政领导干部生态环境损害责任追究办法（试行）》等一系列重要方案、办法，提出领导干部任期内对生态文明建设负有责任，当干部离任时，必须实行自然资源的资产审计，确定权责一致、终身追究的原则，一旦出现生态环境损害的情况，必须对各级领导干部进行责任追究，同时还提出生态文明建设的五年规划。

其次，推进生态文明建设，最可靠的保障是法治。生态环境的保护必须用最严格的制度、最严密的法治。推动绿色发展、循环发展，必须建章立制，以制度推进生态文明建设。同时，立足对自然生态资源资产进行体制创新、加强制度的顶层设计管理，对自然资源和生态环境加强监管和督察，落实生态环境损害赔偿制度，提倡公众参与环境保护，并在制度方面给予体现。近些年来，中国通过不断完善法治手段，构建生态环境保护的长效机制，陆续出台《大气污染防治行动计划》《水污染防治行动计划》《土壤污染防治行动计划》等一系列法律、法规。2015年，被称为"史上最严"的新《环境保护法》开始实施，以前所未有的力度打击环境违法犯罪。

再次，推进生态文明建设，必须加快转变经济发展方式。中国要从根本上改善生态环境的状况，就必须改变传统的发展方式，从过多依赖增加物质资源消耗、过多依赖规模粗放扩张、过多依赖高能耗高排放产业，转变到创新上来，塑造更多依靠创新驱动，引领21世纪的中国发展。这是供给侧结构性改革的重要任务。

最后，推进生态文明建设，必须建立系统完整的生态文明制度体系，用制度保护生态环境。要健全自然资源资产产权制度和用途管制制度，划定生态保护红线，实行资源有偿使用制度和生态补偿制度，改革生态环境保护管理体制。

3. 中国在新世纪重视生态文明建设的原因

中国政府对生态文明从理念上升到制度建设，对生态文明建设的重视超过了任何一个西方国家。这一现象的出现不是偶然的，既有深刻的历史趋势推动，也源于现实发展的重大教训。首先，生态文明的出现是建立在对西方资本主义工业文明的批判基础上，这和社会主义对资本主义的制度批判有着异曲同工之妙，许多西方生态文明的研究者同时也是马克思主义理论的认同者，这让中国更容易接受来自西方的生态文明理论；其次，中国的传统文化中蕴含着丰富深邃的生态思想、生态哲学理论，与现代生态文明发展理念存在诸多契合、一致，中国的传统生态思想得以在新世纪绽放出全新的生命力；最后，多年来，中国一直尝试走一条赶超西方的发展道路，通过生态文明的研究，在研究范式上和体系上，中国的学者逐步实现了中西方生态思想文化的整合。更为重要的是，中国在赶超西方工业国家的过程中，曾经设想汲取西方发达国家的经验教训，避免走西方国家"先污染后治理"的老路，但在实际发展过程中仍然没有跳出发达国家的传统工业化道路，在短短三十余年的时间中，我国实现了经济跨越式发展，在取得令世界各国高度关注的经济增长奇迹的同时，也面临着西方工业国家在两百余年发展过程中，生态危机在短期内集中式爆发的突出问题。要实现经济社会发展方式的全面转型，必须强化生态化发展理念构建、推进生态文明建设制度创新，协同政府、社会和个人，从系统化、整体化的角度推进生态文明建设。

第三节　生态安全与生态文明建设的辩证关系

人类社会文明的发展离不开安全的生态环境。没有稳定的、安全的生态环境，人类不仅难以实现社会经济可持续发展目标，影响人类生存状态、生活质量的提升，甚至可能危及人类自身的生存。在世界范围内，中国是最早在国家层面提出生态文明这一全新理念的国家。生态问题是当前全球治理的重大问题之一，中国作为世界上最大的发展中国家，要为全球生态治理体系的构建与完善提供中国智慧、中国方案，理应在全球生态安全领域做出自己的独特贡献，我国的生态文明发展战略为全世界所瞩目。

一、生态安全是生态文明建设推进的基石

生态文明建立在对工业文明发展的弊端进行全面、深刻的批判与反思的基础上，它脱胎于工业文明，但又不是工业文明的简单延续，是对传统工业文明的扬弃和超越。它体现了人类社会对于先进的生态伦理观念的认同和接纳，希冀获得基础性的生态安全保障，稳定、和谐的生态系统功能以及良好的生态环境的全面需求。生态安全在一定时空范围内呈现出生态系统独特的运动状态与变化规律，但它并不是单纯的生态环境问题，生态安全问题透过自然生态系统的演变，折射出人类活动中自然生态价值观念的嬗变以及人类活动的扰动对生态系统功能的影响。

从生态学的角度来看，自然生态系统的变迁与演替，实质上是人对自然的人为扰动与自然干扰共同作用下形成的叠加效应，构成了生态系统演替的主要动因。生态安全涵括了自然生态、经济发展与社会三个方

面的逻辑关系：人类社会经济的可持续发展以生态安全为基础性依托，生态安全为社会经济发展提供必不可少的物质生态保障，生态文明的建设为社会经济发展提供必要的建设目标引领。自然生态系统安全为人类的生存和发展提供基础性的生态资源支持、容纳、物质缓冲、生态修复、净化等生态服务功能；人类从事的开发利用活动必然会形成对自然生态系统的压力和扰动，而自然生态系统缓解各种人为压力与扰动，并保持生态系统的稳定与平衡的能力是有限的。因此，人类活动不能超过自然生态系统的承载范围以及生态弹性容许的范围，必须最大限度地保障生态系统的平衡、稳定和生态功能的正常发挥；如果自然生态系统遭遇到实质性破坏，超越了自然生态系统自我修复、自我恢复的范畴，就意味着生态承载的上限被突破，就会使生态安全成为制约社会经济发展的瓶颈，成为突出的限制性因素，导致经济社会发展的目标难以实现。

生态安全研究的基础和核心是生态安全评价。生态安全研究的目的是为保障人类社会经济的可持续发展，要实现这一目标，必须确保自然生态系统自身结构稳定和生态服务功能始终完整、健康，具备可持续发展的活力。从理论层面来说，人既是自然生态系统的一份子，又是社会经济活动的主体。人兼具自然和社会的双重属性，从自然属性来看，必然受到自然生态规律的制约；从社会属性分析，人不是简单、被动地适应自然生态，而是通过自主性的社会经济活动能动地对自然生态系统施加干预，对自然生态系统的自然资源和物质能量进行有序、合理地开发利用，以实现社会经济增长的目标。

自然生态系统的演替过程中既包含自然演替的过程，又不可避免地打上人类社会活动的印迹。在社会经济发展的过程中，由于人类活动的介入、参与、扰动，使得自然生态系统的各子系统之间和各组成要素之间既独立存在，发挥各自独特的生态系统功能，又相互依存、相互制约,致使自然生态系统的演化呈现出复杂的轨迹。正是由于人们能够对自然生态进行有效的控制、调节,建立一种良性的反馈机制,这种反馈机制既不同于单纯追求经济增长的机制,也不局限于孤立探索建立生态系统的稳定性机制,而是一种社会效益与生态效益相结合的协调性机制。只有在这样的机制作用下,才能在满足人类社会经济增长需求的同时,又促使生态系统保持平衡、稳定、协调,使生态环境不断改善,获得持久、可持续的自然生产力,从而实现自然生态系统与社会经济体系的协调发展。

确保生态系统的稳定、平衡、协调,更多地在于不断强化和提升人类的生态安全意识,遵循生态系统演化、发展的规律,自觉、有效地控制人类行为,建立一种与自然生态协调共存的良性发展模式。

二、生态文明建设要以确保生态安全为核心目标

生态安全是我国建设和发展社会主义物质文明、精神文明、政治文明、社会文明的最基本、最起码的生态物质基础,也是进行生态文明建设的核心要义。如果没有安全的生态环境,其他文明建设和发展就会失去必要的基础性载体。西部地区生态文明建设必须围绕生态安全为核心,生态文明建设要以科学的生态安全管理为依据。

在特定的时空范围内,生态安全是由自然因素安全、社会因素安全、经济因素安全组成的复合安全体系,作为一个有机整体,在人类能动调控作用下形成相互制约、相互联系、相互依存的复杂关系。生态安全是生态系统整体性宏观效应的体现,是各系统之间稳定、协调、平衡地实现物质与能量交换的产物,是生态系统平衡、稳定、协调的重要表征和量度。三者之间,人类是具有主观意识能动作用的主体,自然生态系统和社会经济在很大程度上受到人类自主行为的调控、影响和左右,

能否调控得当不仅直接关系自然生态系统的安全，也必然会对社会经济的进步以及精神文明建设的全面开展产生重大影响。应该意识到，人类活动无时无刻不在影响着生态安全的状况，这种影响，既有可能是维持生态系统平衡、促进生态系统恢复的增益性干扰，也有可能是造成自然生态系统失衡、失调，引发生态系统功能退化、恶化的破坏性干扰。一切取决于人类当下的社会生产、生活活动。

三、基于生态安全视域的西部地区生态文明建设的特殊要求

基于生态安全的西部地区生态文明建设目标不是单向度的经济发展、社会进步或自然可持续发展，它追求的是经济增长、社会发展和自然生态保护多维目标的同向并进、同步实现。加快推进西部地区生态文明建设，有助于在社会层面由上至下、广泛动员、全面行动，促使生态安全观念深入人心，化育养成生态安全的责任意识和行动。

基于生态安全视域下的西部地区生态文明建设，必须具备全球化的视野，只有真正树立全球化的生态文明观，生态安全的全球化才能逐步实现。我们必须站在广阔的全球生态视野审视生态安全问题，促使自然生态系统保持一个相对稳定、和谐、安全的状态。中国作为世界上生态脆弱区分布面积最广、生态脆弱类型最为丰富、生态脆弱特征表现最为突出的国家之一，生态脆弱区大部分集中在我国西部地区。我国西部地区陆上邻国众多，一些国家从自身国家利益的角度出发，对生态资源的争夺趋于激烈，面对生态恶化责任相互推诿、指责的倾向，都促使区域生态问题不断凸显复杂化、国际化的态势。中国政府在提出构建人类命运共同体的理念后，理应在完善全球生态治理的进程中，坚持共商共建共享的基本原则，积极思考与周边国家携手应对生态安全问题，体现中国在区域生态治理应有的责任与担当，在努力形塑一个安全、稳定、和

睦的周边环境的同时，为全球生态治理系统的构建与完善做出中国独特而重要的贡献。

基于生态安全视域下的西部地区生态文明建设，必须立足国家发展战略的高度，顺应政治生态化的必然要求，实施"生态优先、适度发展"战略。从国家发展战略层面看，国防安全、政治安全、军事安全和经济安全、网络安全是创造生态安全的基础性条件和保障，生态安全则是国防安全、政治安全和经济安全的生态前提和载体。保障生态安全的目标需求，既包含维持自然生态系统自身结构的稳定、完整和生态服务功能的协调、健康，也包含满足人类健康生存和社会经济发展的基本需求。生态安全是支持地区社会经济与生态环境自身可持续发展的必不可少的基础。西部地区作为重要的生态服务功能和生态防护功能的集中区域，承载着我国重要的生态安全屏障的重大战略任务，既要面对资源与环境约束趋紧的巨大压力，同时又面临着生态敏感区、生态脆弱区、自然灾害频发区的特殊生态格局，生态安全的维护离不开国家或政府的主导作用。我国西部地区生态文明建设要把西部地区生态空间格局的特殊性、区域性放在突出地位，逐渐改善生态安全现状，探索出一条立足国家生态格局规划、促进西部地区区域经济发展的新型模式，走一条兼顾生态环境保护与经济社会发展，二者之间协调并进的发展道路。

基于生态安全视域下的西部地区生态文明建设，不能脱离社会经济发展的现实需求。由于错综复杂的历史条件、地理环境、资源禀赋等诸多原因，西部地区间经济社会发展水平的差异很大，经济发展的落差导致竞争性的经济增长，同时，存在环境保护成本由发达地区、城市地区、东中部地区向落后地区、农村地区、西部地区转移的倾向，在社会公众层面难以形成生态保护共识。加强西部地区生态文明建设，意味着针对当前西部生态脆弱地区根据不同类型的生态系统功能受损和退化的态势，必须发挥人的主观能动作用，遵循自然规律和经济发展规律，采取必要的生态治理、生态恢复等一系列生态举措。西部地区的生态文明建设必须依托并始终确保稳定、协调的生态安全为基础前提，我们不可能脱离生态系统的稳定性与协调性来奢谈生态文明建设，否则生态文明的建设就会成为无源之水、无本之木。

四、立足构建生态安全屏障，加速推进西部地区生态文明建设

我国西部地区生态文明建设具有国际性和区域性的战略意义，同时具有政治、经济、社会和生态的多重影响。生态文明建设是一个庞大的宏观系统工程，不仅涉及国家宏观发展战略、区域经济社会发展策略的制定，也关系到社会治理政策的制定与实施，社会主义法治建设的完善与健全，以及现代生态文化的传承、创新与培育。

加强西部地区生态文明建设，合理构建区域生态安全格局，不仅有助于有效控制生态环境问题，逐步降低区域生态安全风险，改善区域生态安全水平，而且也能促进生态格局优化，提升生态系统服务功能的目标，促进区域社会经济可持续发展。西部地区是我国主要大江大河的发源地，承担着保护自然生态工程的重要任务，是我国中部、东部地区，甚至是全国的生态屏障。生态屏障具有特殊的生态功能，是保障国家生态安全的生命线。生态屏障的意义主要体现在一种必要的生态防护、阻挡的功效，针对西部地区诸如荒漠化、水土流失、冻融侵蚀等一系列威胁生态安全的危险源，将其控制在一定区域的空间范围内，通过生态治理和生态恢复工程以逐步提高区域生态系统的服务功能，防止其进一步扩散、蔓延，并逐步降低对周边生态环境的影响以及对区域社会经济的威胁。一旦失去屏障，就使得我国广大的中、东部地区生态安全难以得到有效保护。例如，在长江上游地区，无论是水土流失的治理以及

天然林保护工程的实施，都直接影响当地以及中下游地区生态环境系统功能的稳定，关乎中下游地区生态安全和经济安全、社会安全状况。再如，导致我国西北地区沙尘暴现象的原因既有境外尘源地，也有境内尘源地，当沙尘等悬浮物被带入大气中，在西北气流及偏西气流作用下，经我国北部区域新疆、内蒙古等省区进而移动到东部地区，甚至导致韩国、日本等国也受到沙尘暴的困扰。因此，必须立足于我国西部地区经济社会发展的现实需要，切实维护发展权和环境权，以保障我国的生态安全。

我国西部地区生态文明建设是一个艰难、漫长的探索性历史过程。生态文明的理念不是自发形成的，是人类对引发生态危机的生产、生活以及发展方式进行全面、深刻反省的必然结果；而生态文明建设也不是一个随着生产力发展的自然演进过程，而是人类立足于破解生态危机带来的困局，对既有发展理念和发展模式的扬弃和超越。生态文明建设作为当前和今后相当一段历史时期内推动社会经济发展和前进的行动纲领，意味着我国西部地区在没有进过工业化充分发展的阶段，不能重蹈西方工业文明发展的范式和路径，而必须走出一条新型工业发展的创新道路。

就宏观的角度来说，西部地区的生态文明建设是一个关乎国家发展战略格局、发展观念生态化的重大历史叙事，需要在国家发展战略方面，着眼于确保国家战略安全、构建生态安全屏障的角度，完善顶层设计，全面统筹、科学规划，逐步缩小西部地区与东、中部地区的发展差距。西部地区的生态文明建设必须深刻反思我国东、中部地区经济发展的经验与教训，在保护自然生态系统、实现生态服务功能的前提下寻求发展，在促进区域社会经济发展的基础上逐步缓解生态安全压力，改善生态脆弱性、促进生态恢复，走生态效益与经济效益、社会效益有机结合的生态化发展道路。

　　就微观层面而论，西部地区的生态文明建设是一项社会性事业、全民性事业、大众化事业，离不开全体公民的主动参与、积极配合。对每一位公民来说，生态文明绝不是一个抽象的概念，也不应该停留在遥远、空洞的政策表述抑或晦涩、烦琐的理论阐释。如果说，在面对生态安全问题时，任何人都无法做一个置身事外的旁观者，那么就要求每一位公民将生态良知、生态道德、生态安全意识内化于心，并自觉外化到具体的社会实践中，认真履行生态责任，意味着对那些看似不起眼的点点滴滴的积弊、陋习进行彻底而深刻的变革，以全面实现生产、生活方式的生态化转型。

第三章

我国西部地区生态安全格局

　　我国是一个多山国家，地形地貌复杂，地势西高东低，呈梯级分布，山地、高原约占总面积的66%，平原、丘陵约占34%，山地、高原主要集中在西部地区，绝大部分地区海拔在2000米以上。西部地区疆域辽阔，包括省级行政区共12个，分别是西北5省区（陕西、甘肃、青海、宁夏、新疆）、西南5省区市（云南、贵州、四川、重庆和西藏）以及内蒙古、广西2个自治区。西部地区土地广袤，人口相对稀少，"土地面积538万平方千米，占全国国土面积的71%；目前有人口约2.87亿，占全国29%"①。西部地区是我国经济欠发达地区，2014年，区域经济总量达到138099.79亿元，占全国的21.78%，截至2018年，西部地区区域经济总量上升到18.4万亿元，在全国经济总量的比重下降到20.5%，但是西部地区仍被视作是一个能源资源储量丰富、开发潜力巨大的区域。

　　西部地区是我国大江大河的主要发源地，是森林、草原、湿地等生态资源的集中分布区和重要的生物多样性聚集区，是我国重要的生态安全屏障区。我国是"世界上生态脆弱区分布面积最大、脆弱类型最多、

---

　　① 严晓辉，李政，谢克昌：《新时期中亚和我国西部地区绿色发展的SWOT分析研究》，《生态经济》，2016年第12期，第14页。

生态脆弱性表现最明显的国家之一"①。而西部地区由于受干旱、高寒等气候特点影响，气候复杂多变，导致区域内部自然状况差异较大，决定了西部地区成为我国生态脆弱性特征最为突出的地区。西部地区生态脆弱类型主要表现为西北部荒漠绿洲交接生态脆弱区、青藏高原复合侵蚀生态脆弱区以及西南地区喀斯特地貌区等。在青藏高原地区，山高坡陡、高寒阴冷，由于受特殊的气候环境影响，农业耕作困难，灾害频发；在西北部的平原区，则存在着以土壤的盐渍化和以风蚀为主的水土流失现象；在西南部岩溶强烈发育的区域，由于存在森林功能退化、生物多样性减少、水资源严重短缺、区域内河流水质污染严重等诸多生态问题，地表水渗透严重，导致在石漠化土地最集中的地区，民众生存和发展遭遇生态环境制约瓶颈尤为明显。

就整体而言，西部地区生态环境明显劣于中、东部地区，西部地区的贫困发生率远远高于东、中部地区，西部地区也是我国贫困人口最集中的地区。由于社会经济发展的滞后与脆弱的生态环境形成了一种特殊的地理耦合现象，使贫困、资源和人口之间形成了一种恶性循环，区域性贫困问题突出（见表3-1）。由于贫困基数大，自然灾害严重，人口素质偏低，经济发展落后。全国东、中、西部地区贫困县数占全国县数比例分别为13.2%、23.5%和44%，生态脆弱县数占全国总县数比例为29.8%、32%和47.1%。不容否认，在"事实上，贫困地区特殊的区位条件和恶劣的自然环境对贫困地区的发生和贫困的程度有着极为深刻的影响"②。

---

① 刘湘荣等著：《我国生态文明发展战略研究》（上），北京：人民出版社，2013年版，第206页。

② 冯永宽：《西部贫困地区发展路径研究》，成都：四川大学出版社，2010年版，第33页。

表 3-1　中国西部各省区生态环境状况

省区（市）	森林覆盖率（%）	荒漠化面积（万公顷）	治理水土流失面积（平方公里）	自然保护区面积（万公顷）	贫困发生率（%）
内蒙古	21.03	6092.04	12597.24	1271.0	20.80
广西	56.51	192.6	2107.3	141.9	18.10
重庆	38.43	-	3070.0	82.7	-
四川	35.22	1.09	8510.33	828.6	11.20
贵州	37.09	0.00	6297.8	89.3	17.40
云南	50.03	0.79	8074.4	287.3	18.30
西藏	11.98	42.02	466.1	4136.9	30.40
陕西	41.42	15.96	7288.3	113.1	18.40
甘肃	11.28	50.63	7702.2	916.8	30.40
青海	5.63	33.06	898.7	2166.5	21.80
宁夏	11.89	75.98	2057.2	53.3	18.40
新疆	4.24	86.07	1128.9	1957.5	1.80

资料来源：《中国统计年鉴》2016、2016 年各省区环境状况公报、2016 年西部各省区国民经济和社会发展统计公报

表 3-2　我国东、中、西部地区、东北地区城镇居民人均

可支配收入差异对比一览表（2005—2017 年）

时间（年）	东部（元）	中部（元）	西部（元）	东北（元）
2005	13374.9	8808.5	8783.2	8730
2006	14967.4	9902.3	8728.5	9830.1
2007	16974.2	11634.4	11309.5	11463.3
2008	19203.5	13225.9	12971.2	13119.7
2009	20953.2	14367.1	1423.5	14324.3
2010	23272.8	15962.0	15806.5	15941.0
2011	26406.0	18323.2	18159.4	18301.3
2012	29621.6	20697.2	20600.2	20759.3
2013	31152.4	22664.7	22362.8	23507.2
2014	33905.4	24733.3	24390.6	25578.9

时间（年）	东部（元）	中部（元）	西部（元）	东北（元）
2015	36691.3	26809.6	26473.1	27399.6
2016	39651.0	28879.3	28609.7	29045.1
2017	42989.8	31293.8	30986.9	30959.5
增长幅度	2.2142	2.5527	2.5280	2.5463

资料来源：《中国统计年鉴》2006—2018年

表3-3 我国东、中、西部地区、东北地区农村居民

人均可支配收入差异对比一览表（2005—2017年）

时间（年）	东部（元）	中部（元）	西部（元）	东北（元）
2005	4720.3	2956.6	2378.9	3379.0
2006	5188.2	3283.2	2588.4	3744.9
2007	5855.0	3844.4	3028.4	4348.3
2008	6598.2	4453.4	3517.7	5101.2
2009	7155.5	4792.8	3816.5	5456.6
2010	8142.8	5509.6	4417.9	6434.5
2011	9585.0	6529.9	5246.7	7790.6
2012	10817.5	7435.2	6026.6	8846.5
2013	11856.8	8983.2	7436.6	9761.5
2014	13144.6	10011.1	8295.0	10802.1
2015	14297.4	10919.0	9093.4	11490.1
2016	15498.3	11794.3	9918.4	12274.6
2017	16822.1	12805.8	10828.6	13115.8
增长幅度	2.5638	3.3312	3.5519	2.8816

资料来源：《中国统计年鉴》2006—2018年

当前，中国生态环境呈现出系统性、结构性破坏的特点，已经严重威胁到国家和区域的生态安全。①我国东中西部地区之间经济发展不平衡现象非常明显，就 2005—2017 年的城镇居民和农村居民人均可支配收入来说（见表 3-2，表 3-3），在十二年期间，就绝对数值来说，尽管中西部地区增幅较大，但还是远远落于东部地区。2005 年城镇居民收入绝对值，西部地区比东部地区少了 34.33%，2015 年两者之间差距有所缩小，为 27.85%，说明尽管西部地区经济发展步伐有所加快，但与东部地区相比仍然有明显差距。

2018 年，国务院重新确认的 592 个国家级贫困工作重点县土地面积约占国土总面积的三成左右，承载人口规模为 2.1 亿人，占全国总人口的 15%。受到自然灾害和西部地区地表形态破碎，农业生产力低下，水土资源要素制约突出，时空匹配状况较差，具有贫困区域分布广、贫困程度深的突出特征，伴生着非常典型的边缘性和闭锁性特征，因而成为我国扶贫脱贫工作中的"攻坚主战场"。必须看到，西部地区的脱贫问题不是单一的脱贫问题，不仅与缩小地区经济社会发展差距直接关联，而且与构建生态安全屏障、确保民族地区社会政治稳定等一系列重大问题相互交织，显得格外重要、棘手而紧迫。

第一节　西部地区国土资源生态安全

土地是人类赖以繁衍生息、生产劳作的基础资本，也是进行开发与利用的重要资源空间，人类发展和土地资源间的关系是社会经济生产关系中最根本的关系。土地资源是生态环境系统中的重要组成部分，其安

---

① 韩永伟，高吉喜，刘成程著：《重要生态功能区及其生态服务研究》，北京：环境科学出版社，2012 年版，第 10 页。

全状况不仅直接影响到生态环境的建设，也关系到区域经济可持续发展战略的实施。因此，土地资源的生态安全问题，不仅维系着自然生态系统的稳定、协调和社会经济的有序发展，而且也影响着国家的安全保障和人民安居乐业的生存状态。

随着人口数量的急剧增长，加大了人类社会经济发展对土地的需求，与此同时，作为国家战略资源的土地资源，越来越凸显出其在社会发展中的独特价值和作用。然而，我国西部地区跨越热带、亚热带和寒温带，气候条件复杂多样，地质环境特殊，多山地、高原、盆地，自然条件严酷，灾害频繁，人类活动诱发的干旱区荒漠化、灌区土壤盐渍化、水资源和环境污染、森林草原退化、河湖水质恶化、生物多样性减少等一系列生态环境问题严重，是我国水土流失、土地石漠化、荒漠化最严重的地区。西部地区土地生态资源问题已成为一个危及国家安全的突出问题。

一、西部地区国土资源生态安全概述

1. 土地类型丰富多样，区域利用差异明显

土壤是农业发展最基础的物质生产条件。我国西部地区地域辽阔，地形起伏多山，土地的利用类型丰富多样，既有热带和亚热带的土地类型，又有广袤辽阔的平原和高原，为西部提供了较为有利的农林牧开发条件。由于西部地区山石水土环境存在明显的差异和社会经济条件的悬殊，致使西部地区土壤类型区域性特征明显，土地利用差异较大。如西北地区是土地荒漠化集中分布区，土地退化，以牧业为主导；西南地区为世界三大喀斯特地形地貌区之一，江河、林木、牧草资源十分丰富，拥有大面积的高山区和草场，因山高、坡陡、谷深，水土资源组合匹配不协调，影响了土地资源的充分开发利用。

2. 土地资源分布不均，地区生产力差异显著

西部土地资源分布与地域条件有关，西部地区疆域辽阔，既有坝区实施农业集约化投入的精耕细作农田，也有地广人稀、边远寒冷的山区轮歇地，还有无法开垦的石山灌丛和草坡。由于土地利用条件的差异，西部地区人口多集中在生活条件相对优越、生产情况较稳定的区域，致使人口拥挤，人地关系紧张。西部山区是我国重要的生态功能区，也是环境相对脆弱的地区，由于经济欠发达，以沿袭传统的粗放型传统农业为主，多仰赖于自然，导致人地矛盾的加剧。交通闭塞、经济落后的客观现实，过度放牧屡禁不止，使得开发条件受到制约，不仅缺少现代信息的传播与交流、缺乏创新思路，也限制了土地资源的合理规划、充分利用。西部地区民众受传统习俗、民俗观念的影响，人口增长过快，加上地域的相对封闭与分割，使土地利用的整体性受到制约。

3. 地貌类型复杂多样，土地利用难度大

我国西部地区地域广阔，形态各异、景象万千，拥有"世界屋脊"之称的青藏高原、典型喀斯特地貌的云贵高原，既有水系丰润通达的四川盆地，也有新疆山脉与盆地环抱的独特构造，还有我国地势最高的盆地、沙漠和戈壁，丰富多样的独特地貌，共同构成了西部复杂、特殊的地质地貌。

由于西部地区以山地为多，高度悬殊，水土匹配不佳，生态环境区域差异巨大，地貌类型复杂多样，因此，土地资源开发利用难度大。除青藏高原外，西部大部分地区分布在我国第二地形的中低山地，质地疏松；内蒙古高原和缺乏植被的黄土高原，在流水的长年冲刷、切割作用下，土地支离破碎，地表千沟万壑，成为农业生产和基础交通设施建设的主要制约因素；在西北部地区，以气候干旱、土地疏松的高原为主，拥有水资源丰富但难以进行开发利用的大江大河；而在构成黄河上游经

济带的中部地区，虽具有得天独厚的自然优势，但水土流失严重，土地条件复杂；西南地区以喀斯特地貌为主要分布，气候湿润，降水量大；青藏高原的少数民族贫困地区四季寒冷，无霜期短，日照稀少，农业生态环境恶劣。西部地区面临着农业生产用地不断减少，农业生态环境不断恶化的困扰。

4. 自然灾害频繁发生，土地利用基础先天不足

中国是一个自然灾害发生频率较高、地域分布广、灾害类型多、灾害损失大的国家，而西部又是我国自然灾害频发的地区。由于自然条件较差，加之特殊的地质地貌，脆弱的生态环境决定了西部地区自然灾害发生风险大、频率高、危害重，自然灾害主要表现有干旱、盐碱、风沙、地震等。

我国西南、西北地区自然灾害类型各有不同，在西北黄土高原地区主要灾害有草地退化、土壤风蚀沙化和石砾化、土地生物量低、干旱、风沙暴；在西北甘肃、青海地区，主要灾害为水土流失、病虫灾害、地震多发，西北青海省境内的龙羊峡和甘肃省的临夏一带也发生过大滑坡。在西南云贵高原地区，主要表现为泥石流、干旱、洪涝、滑坡、塌陷和崩陷等山地灾害多发、频发；在青藏高原地区，存在风蚀沙化、草地退化、土地生物量低、波动大、大风、沙尘暴和冰雹等灾害频繁。近些年来，在西部地区先后发生的四川汶川地震、青海玉树地震、舟曲泥石流、四川芦山地震、云南鲁甸地震等特大自然灾害事故，均表明在西部局部地区生态环境尤为脆弱，是我国地质灾害的密集分布区。

由于西部地区自然灾害种类繁多、影响范围广、发生频率高，诸多因素往往交互作用，致使西部土地资源利用的基础进一步削弱。在自然灾害发生后，灾害自身的破坏性及由此衍发的次生灾害的危险性，导致区域资源承载力进一步减弱。西部地区自然条件的恶劣使得农业、工业

生产长期相对滞后，土地利用难度增加，人们生产生活水平难以改善。自然环境的制约不仅是导致地区贫困的重要诱因，成为地区扶贫必须面对的重大难题，也明显加剧了当地民众因灾致贫、因灾返贫的风险。

5. 粗放型农业发展方式，水资源匮乏与浪费严重并存

农业是受气候条件影响最直接、最明显的产业。由于气候条件限制，西部地区多为干旱少雨地区，农业生产过程中大量使用农用地膜。在自然环境条件下，老化的废旧地膜被随意丢弃在农田里，长时间无法分解，造成塑料制品在土地中的残留不断积蓄，妨碍农作物的生长，影响耕地环境。农业资源趋紧的态势与生态环境恶化，对农产品生产的制约效应日益显现。随着城镇化发展，我国耕地面积逐年减少，人均用地面积比例下降。[①] 一方面因为人口剧增带来人地矛盾趋于尖锐，另一方面也由于人为过度的开采和不合理的种植，还包括化学药物的滥用，造成农田的污染，导致农田土壤肥力下降，土壤质地变差，土壤有机污染严重。

西部地区在水资源利用方面呈现出资源匮乏与浪费严重并存的突出问题，在面临水资源时空分布不均以及水资源短缺等自然因素制约的同时，在工农业生产、生活活动中，人为因素造成的水资源浪费问题相当严重。水资源利用不合理问题首先突出表现为农业用水居高不下。以西部各省区来看，农业用水量最高的新疆，农业用水占到总用水量的93.14%；重庆最少，仅为总用水量的32.82%。西部12个省区（市）平均农业用水量比例为70.24%（见表3-5），大大高于中东部省区（市）。其次，西部地区生态用水被挤占现象突出。由于生态环境脆弱性特征突出，迫切需要生态用水以实施生态恢复和生态治理工程。生态用水包括

---

① 陈璐玭，林移刚：《粮食生产已成全球面临最大挑战》，《生态经济》，2016年第12期，第9页。

人为措施供给城镇的生态环境用水和部分河湖、湿地补水，不包括降水、径流自然满足的水量。西部地区由于农业用水比重过高，导致生态用水被挤占的问题比较突出。在内蒙古，由于得不到充裕的生态用水用于自然生态系统进行自我调节和恢复，成为影响生态恢复和生态治理的主要制约因素。在生态脆弱区的植被遭到破坏后难以得到恢复，致使内陆湖泊面积急剧萎缩，近30年来，湖泊个数和面积减少了30%左右。

表3-4　东部中部主要省区用水分类情况一览表

用水分类 省区（市）	用水总量 （亿立方米）	农业用水 （亿立方米）	工业用水 （亿立方米）	生活用水 （亿立方米）	生态用水 （亿立方米）	人均用水量 （立方米/人）	农业用水占用水总量比例（%）
北京	39.5	5.1	3.5	18.3	12.7	181.9	12.91
天津	27.5	10.7	5.5	6.1	5.2	176.3	30.91
河北	181.6	126.1	20.3	27.0	8.2	242.3	69.44
山西	74.9	45.5	13.5	12.8	3.0	202.9	60.75
辽宁	131.1	81.6	18.6	25.4	5.5	299.8	62.24
吉林	126.7	89.8	18.1	14.1	4.7	465.0	70.88
黑龙江	353.1	316.4	19.7	15.4	1.5	930.7	89.61
上海	104.8	16.7	62.7	24.6	0.8	433.3	15.94
浙江	179.5	80.9	46.1	47.0	5.5	319.2	45.07
江苏	591.3	280.6	250.1	58.5	2.1	737.8	47.45
安徽	290.3	158.2	92.2	33.8	6.2	466.3	54.50
福建	192.0	91.2	64.4	33.2	3.2	493.3	47.5
江西	248.0	156.3	60.5	28.9	2.3	538.3	63.02
山东	209.5	134.0	28.8	34.6	12.0	210.0	63.96
河南	233.8	122.8	51.0	40.2	19.8	244.9	52.52
湖北	290.3	148.1	87.8	53.2	1.2	492.6	51.02
湖南	326.9	193.7	86.0	444.5	2.8	477.8	59.25

续表

用水分类 省区（市）	用水总量 （亿立方 米）	农业用水 （亿立方 米）	工业用水 （亿立方 米）	生活用水 （亿立方 米）	生态用水 （亿立方 米）	人均用水量 （立方米/ 人）	农业用水占 用水总量比 例（％）
广东	433.5	220.3	107.0	100.9	5.3	391.1	50.82
海南	45.6	33.3	3.0	8.4	0.8	494.8	73.03

资料来源：中国统计年鉴 2018 年

表 3-5 西部主要省区用水分类情况一览表

省区（市）	用水总量 （亿立方 米）	农业用水 （亿立方 米）	工业用水 （亿立方 米）	生活用水 （亿立方 米）	生态用水 （亿立方 米）	人均用水量 （立方米/ 人）	农业用水占 用水总量比 例（％）
广西	284.9	195.8	46.0	40.2	3.0	586.0	68.73
内蒙古	188.0	138.1	15.7	11.0	23.1	744.7	73.46
重庆	77.4	25.4	30.4	20.5	1.10	252.8	32.82
四川	268.4	160.5	51.4	50.7	5.8	324.1	59.80
贵州	103.5	58.9	24.8	18.8	0.9	290.1	56.91
云南	156.6	108.5	23.4	21.7	3.1	327.2	69.28
西藏	31.4	26.9	1.5	2.7	0.2	940.8	85.67
陕西	93.0	58.9	14.3	17.0	3.5	243.2	63.33
甘肃	116.1	92.3	10.4	8.7	4.7	443.5	79.50
青海	25.8	19.2	2.5	2.9	1.2	433.1	74.42
宁夏	66.1	56.7	4.5	2.3	2.5	974.3	85.78
新疆	552.3	514.4	13.1	14.7	10.2	2280.8	93.14

资料来源：中国统计年鉴 2018 年

6. 气候变化制约土地资源开发，气象灾害与地质灾害叠加作用

气候资源包括光能、热能、水和空气等，是开展农业生产中必不可少的自然资源。西部地区四季雨量变化明显，光热区别大，水热条件配合不当，随着地形的起伏变化，降水量也存在着垂直分布现象，干旱尤为明显。西北部地区年平均降水量在 400 毫米以下，部分地区甚至不足

68

250毫米，大部分属于干旱半干旱地区。而西南一些少数民族聚居地区由于地势较高，长期受到区域性的干旱威胁，受碱性、沙质的土壤影响，不仅制约了地区经济的发展，而且容易造成饮用水和牲畜饮水困难。

以贵州省的喀斯特山区为例，旱涝灾害多始于灾害性天气，但是灾害发生的频度和灾情严重程度与喀斯特地貌强烈发育所致土层贫瘠、渗漏严重、保水性差直接相关，致使负面效应进一步强化，学者把这种因喀斯特发育造成的地表生境干旱称为"喀斯特干旱"[1]。从2000年至今的近20年间，旱灾频发，占各种灾害统计的80%。[2] 在2009年秋到2010年春季，我国西南地区遭遇了自有气象资料以来最严重的干旱，"旱灾共计造成直接经济损失190亿元"[3]。

在2016年，新疆地区相继发生了洪涝、风雹、地震、雪灾、低温冷冻、泥石流、滑坡、干旱等自然灾害，造成全疆13个地州（市）174.1万人受灾，直接经济损失74.7亿元。在西部地区生态安全状况相对较好的广西，在2016年发生的气象灾害灾种多、范围广、损失重、突发性强，其中以暴雨洪涝及其衍生的地质灾害损失最大，同期发生的滑坡、崩塌、泥石流、地面塌陷等地质灾害累计183起，直接经济损失1269.3万元。

因此，在西部地区，由于气象灾害常与地质灾害、农业灾害交错叠加，水土流失——石漠化（荒漠化）——旱涝灾害——地质灾害——

---

① 杨广斌，王济，蔡雄飞，安裕伦著：《喀斯特地区土壤侵蚀评价计数值模拟》，北京：气象出版社，2014年版，第27页。
② 冯永宽：《西部贫困地区发展路径研究》，成都：四川大学出版社，2010年版，第36页。
③ 李文华等编著：《中国生态系统保育与生态建设》，北京：化学工业出版社，2016年版，第606页。

生态系统退化呈现聚集性发生，如不及时进行生态修复、治理，不仅制约了地区经济的发展，也必然会威胁到西部地区乃至全国生态安全现状。

二、西部地区国土资源生态安全现状

1. 水土流失

水土流失是指人类对土地的利用，尤其是对水土资源进行不合理开发和经营，使土壤的覆盖物遭受破坏，裸露的土壤受水力冲蚀发生迁移堆积，流失量大于母质层育化成土壤的量，土壤流失由表土流失、心土流失而至母质流失，终使岩石暴露。我国西部地区是世界范围内水土流失面积最大、分布最广、危害最为严重的地区之一，而黄土高原地区也是世界范围内水土流失现象最为严峻、最为集中的区域。导致水土流失的原因，主要可分为自然因素和人为因素。从自然方面看，西北区域黄土分布广、黄土堆积物厚、地形起伏、土质疏松，由于降水时间集中、降水量大，且多为暴雨，在强力冲刷作用下引发泥石流和山体滑坡等自然灾害；从人为因素方面分析，不合理的土地利用和采矿开矿作业，致使耕地遭到破坏，加之植被砍伐后，土壤肥力减弱，且呈不断蔓延之势，导致农牧业生产产量下降，环境恶化。

西部地区自然条件区域差异明显，地质条件复杂，生态环境脆弱，大部分区域处于热温带或暖温带。在复杂的地理、自然因素交互作用下，生态脆弱特征尤为突出，灾害频发、植被稀少，农业发展缓慢，工业相对滞后。在强大的经济诱因驱动下，人们往往通过砍伐森林、肆意开采、修路建房的短期行为，进行艰难的生存与发展之战。而人类活动的过度扰动，形成对自然资源采取非理性的掠夺式开发，进一步加剧了自然灾害，导致水土流失难以防止，在地表水量集中冲刷、搬运和沉淀作用下，土壤肥力下降，造成地形地貌的变迁和气候环境的改变。由于人类不合理的经济活动，水土流失现象不仅制约了经济的发展，严重阻碍了农业生产，导致区域内居民摆脱贫困的难度加剧，也威胁着社会的可持续发展，进一步加剧了生态损毁和后期治理的难度。

2. 土地荒漠化

"土地荒漠化是人类不合理经济活动和脆弱生态环境相互作用造成的土地生产力下降、土地资源丧失以及地表呈现类似荒漠景观的土地退化，它的发生、发展及其逆转是气候、环境和人类社会经济活动综合作用的结果。"[①] 荒漠化及其引发的土地沙化现象被称为"地球溃疡症"，在人类社会面临的诸多生态环境问题中，荒漠化是最为严重的灾难之一。

中国是世界上荒漠化严重的国家之一，荒漠化形势十分严峻，东起黑龙江，西至新疆，均有荒漠化土地分布。而位于西部地区的新疆、内蒙古、西藏、甘肃、青海等 5 个省区是我国荒漠化最集中的地区。2014年发布的《第五次中国荒漠化和沙化状况公报》表明，西北 5 个省区荒漠化土地占全国荒漠化土地面积的 95.64%。在荒漠化最严重的新疆，截止到 2014 年底，荒漠化土地面积为 107.06 万平方千米，占新疆国土总面积的 64.31%；沙化土地面积为 74.71 万平方千米，占新疆国土总面积 44.87%（见表 3-6，表 3-7）。尽管近年来对荒漠化积极进行整治，但荒漠化比例仍呈现小幅增长态势。

造成土地荒漠化的原因是多方面的，就自然因素层面分析，西北部地区常年干旱多风，降水稀少，土质松散，植被退化，容易形成风蚀加快，而过度的人为活动是问题产生的关键因素。荒漠化形成的人为原因多为乱砍滥伐，建设用地增加，大量垦殖，造成土地资源损失；盲目开

---

① 康锴：《我国土地荒漠化环境问题研究》，《科技信息》，2013 年 6 期，第 79 页。

发土地，使植被覆盖率降低；粗犷式耕种，使水源缺乏，最终加速了土地的风蚀、土质盐碱化，导致土地荒漠化的形成。可见，土地荒漠化与其他生态环境问题一样，是一种受到地质条件限制和人类活动扰动下形成的脆弱环境，而人类对自然资源的不合理利用甚至是掠夺式开发最终加剧了荒漠化问题。

表3-6　西部主要省区荒漠化土地现状　（单位：万平方公里）

| 年份 | 主要省区 | | | | | 合计 | 全国荒漠化土地总面积 | 西部五省区荒漠化土地占全国荒漠化土地总面积比例（%） |
	新疆	内蒙古	西藏	甘肃	青海			
2004年	107.16	62.24	43.35	19.35	19.17	251.27	263.62	95.32
2009年	107.12	61.77	43.27	19.21	19.14	250.51	263.37	95.48
2014年	107.06	60.92	43.26	19.50	19.04	249.78	261.16	95.64

　　资料来源：国家林业局发布的《第三次中国荒漠化和沙化状况公报》《第四次中国荒漠化和沙化状况公报》《第五次中国荒漠化和沙化状况公报》

表3-7　西部主要省区沙化土地现状　（单位：万平方公里）

| 年份 | 主要省区 | | | | | 合计 | 全国沙化土地总面积 | 西部五省区沙化土地占全国沙化土地总面积比例（%） |
	新疆	内蒙古	西藏	甘肃	青海			
2004年	74.63	41.59	21.68	12.56	12.03	162.49	173.97	93.40
2009年	74.67	41.47	21.62	12.50	11.92	162.18	173.11	93.69
2014年	74.71	40.79	21.58	12.46	12.17	161.71	172.12	93.95

　　资料来源：国家林业局发布的《第三次中国荒漠化和沙化状况公报》《第四次中国荒漠化和沙化状况公报》《第五次中国荒漠化和沙化状况公报》

　　以荒漠化现象最为严重的新疆为例，荒漠化土地不仅分布范围广，荒漠化类型齐全，且危害程度较重。根据荒漠化土地的不同成因，荒漠化类型可以分为气候类型区荒漠化，如干旱区荒漠化土地、半干旱区荒漠化土地、亚湿润干旱区荒漠化土地的类型（见图 3 - 1）。而因人类不当生产、生活导致的土地利用类型荒漠化现状，分别有草地荒漠化和未利用地荒漠化类型，分别为 46.90 万平方千米和 44.10 万平方千米，占全部荒漠化面积的 84.99%，其余耕地荒漠化为 5.06 万平方千米；林地荒漠化为 11.00 万平方千米，合计占全部荒漠化面积的 10.8%。荒漠化危害表现在许多方面，土地荒漠化不仅侵吞农田，影响农业生产，使可以利用的土地资源锐减；同时威胁着人类社会可持续发展，阻碍经济增长，促使地区差异扩大，成为引发贫困现象加剧、阶层分化和社会不稳定的隐患。

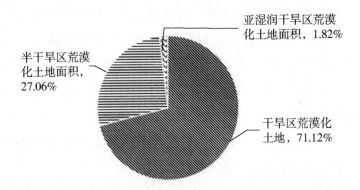

图 3 - 1　新疆不同气候类型区荒漠化土地面积占荒漠化土地总面积的比例

资料来源：《新疆荒漠化和沙化状况公报》，新疆维吾尔自治区林业厅，2016 年 10 月 9 日

　　荒漠化土地的治理难度很大，近年来，随着治理力度加大，在新疆荒漠化土地、沙化土地面积持续减少的同时，荒漠化程度、沙化程度、荒漠化倾向却有所加重，尤其是耕地荒漠化形势不容忽视，致使沙化耕地面积增加 2284.18 平方公里，局部地方沙漠化趋势仍有扩展，在沙区人类经济活动明显增加，超载放牧现象仍然存在。土地荒漠化不仅意味着有生产能力的土地逐步流失，如果不及时开展有效治理，则有可能危

及人类自身最基本的生存基础。土地荒漠化不是一个单纯的生态环境问题，它逐渐演变为一个突出的经济问题和社会问题。土地荒漠化和沙化问题是当前我国最为严重的生态问题，是我国西部地区实现全面建成小康社会的重要制约因素，也是西部地区加强生态文明建设，建设实现美丽中国、美丽西部目标的重点和难点。

3. 土壤盐渍化

土壤盐渍化是指土壤底层或地下水的盐分随毛管水上升到地表，水分蒸发后，使盐分积累在表层土壤中，由于盐分积聚而导致土壤缓慢恶化的过程。我国土壤盐渍化的形成有着深刻的历史原因。在 20 世纪 50 年代初，由于农业科技的不发达，对水盐运动规律的认识有限，人们在开发灌区的过程中，大量的灌溉使土壤出现了严重的盐渍化。土壤次生盐碱化迅速扩展，使大面积优质土壤的土地肥力下降，实施土壤治理、恢复困难。近年来，我国西部地区是中国最重要的农业生产区之一，随着土壤盐渍化不断扩大，已严重影响着这一地区耕地资源的有生力量。据统计，"我国现有耕地中仅新疆、甘肃、宁夏和内蒙古四省区受盐碱化威胁的耕地占总耕地面积的 30% ~40% 。"①

我国土壤盐渍化主要分布在西北，包括青海、甘肃、宁夏、新疆。由于这部分省份远离海洋，都属于内陆干旱地，盐渍形成较为容易，土壤中的盐分不易排出，积盐强度不断增大。从土壤盐渍化形成的原因中分析，可以发现人为活动是最为直接、最为明显的诱因。由于人为不当开垦，造成了背河洼地、河间洼地等微地貌发生盐渍化的明显改变；农田的灌溉导致水位升高，浸渗积盐，导致荒地增多、农作物减产。土壤盐渍化不仅仅影响农业生产，它在很大程度上也给农业生态带来污染。

---

① 王凤双，张明霞：《加强耕地资源保护实现国土资源安全》，《经济研究》，2010 年第 13 期，第 128 页。

尽管土壤由于自身的特性，具有一定的缓和、减少污染的自净能力，但土壤不易流动，自净能力十分有限，一旦受到污染，要实现生态恢复非常漫长。因此，保护土壤资源安全势在必行。

4. 土地污染

土地作为与人类活动和自然环境相互影响的系统，是一个由多种因素共同作用的开放系统，通过土地生态系统实现人与自然界物质和能量的交换。西部地区是耕地资源相对匮乏的地区，而近年来由于城镇化、工业化进程加快，工业、农业废物等物质不断侵蚀土壤，生活废弃物不断向大气中渗透，土壤自净能力减退，导致了土壤污染。

土地污染按照污染源的不同，可以分为工业污染、农业污染、无机污染、有机农药污染、生活污染等。由于氮肥、磷肥、钾肥的不当施用，致使受到污染的土壤其物理、化学性质发生改变，在吸收、蓄积和富集土壤污染物后造成植被减少、生物多样性降低，土壤性质趋于恶化。另一方面，土地污染还会引发其他环境问题，土壤污染物会通过多渠道传入地下水，还可能进一步引起大气、地表水、地下水污染和人畜疾病等次生环境问题。

改革开放以来，我国农业生产基本呈稳定增长态势，在 1978—2017 年的 39 年时间中，全国耕地灌溉面积由 44965 千公顷增加到 67815.6 千公顷，增量为 22850.6 千公顷，增长幅度达 50.82%；而化肥施用化肥量从 884 万吨激增到 5859.4 万吨，平均施用量为 9140 吨/千公顷，增幅达 6.63 倍。由于耕地自净能力的局限，化肥施用量激增带来的长期危害往往是渐进式蓄积，短期内不易观察、评估，长期危害更是难以估量。在 2017 年，西部地区拥有的耕地灌溉面积不足全国的 30%，氮肥、磷肥、钾肥的施用量分别是全国的 33.80%、36.43% 和 30.98%（见表 3 - 8，表 3 - 9）。土地污染不仅直接影响了农业生态系统的安全，也影响人们生活品质的提升，制约着社会经济的可持续发展。更为严重的是，土壤是污染物进入人体食物链的主要环节，通过"土壤→植物→人体"或"土壤→水→植物→动物→人体"的环节，形成对自然生态系统的安全和人类生命健康的威胁。土地污染对人类生态环境的危害不容忽视。

表3-8　全国耕地灌溉面积和化肥施用量（1978—2017年）

时 间	耕地灌溉面积（千公顷）	化肥施用量（万吨）	化肥种类			
			氮肥	磷肥	钾肥	复合肥
1978	44965	884	-	-	-	-
1980	44888.1	1269.4	934.2	273.3	34.6	27.2
1985	44035.9	1775.8	1204.9	310.9	80.4	179.6
1990	47403.1	2590.3	1638.4	462.4	147.9	341.6
1995	49281.2	3593.7	2021.9	632.4	268.5	670.8
2000	53820.3	4146.4	2161.5	690.5	376.5	917.9
2005	55029.3	4766.2	2229.3	743.8	489.5	1303.2
2010	60347.7	5561.7	2353.7	805.6	586.4	1798.5
2015	65872.6	6022.6	2361.6	843.1	642.3	2175.7
2016	67140.6	5984.1	2310.5	830.0	639.6	2207.1
2017	67815.6	5859.4	2221.8	797.6	619.7	2220.3
增加幅度	50.82%	562.83%	137.83%	191.84%	1691.04%	8062.87%

资料来源：中国统计年鉴2018

表3-9　西部各省区耕地灌溉面积和化肥施用量（2017年）

省区（市）	耕地灌溉面积（千公顷）	化肥施用量（万吨）	化肥种类			
			氮肥	磷肥	钾肥	复合肥
内蒙古	3174.8	235.0	94.9	43.5	19.5	77.1
广西	1669.9	263.8	76.0	31.0	58.4	98.3
重庆	694.3	95.5	47.2	16.9	5.5	25.8

续表

省区（市）	耕地灌溉面积（千公顷）	化肥施用量（万吨）	化肥种类			
			氮肥	磷肥	钾肥	复合肥
四川	2873.1	242.0	117.0	47.1	17.6	60.2
贵州	1114.1	95.7	46.5	11.5	9.2	28.4
云南	1851.4	231.9	112.9	34.7	26.2	58.1
西藏	261.2	5.5	1.8	1.0	0.3	2.3
陕西	1263.1	232.1	90.0	18.6	24.3	99.2
甘肃	1331.4	84.5	34.1	15.6	7.6	27.2
青海	206.6	8.7	3.5	1.5	0.2	3.5
宁夏	511.5	40.8	17.4	4.3	2.8	16.3
新疆	4952.3	250.7	109.8	64.9	20.4	55.8
西部省区省区（市）合计	19903.7	1786.2	750.9	290.6	192	552.2
全国总量合计	67815.6	5859.4	2221.8	797.6	619.7	2220.3
西部地区全国占比（%）	29.34	30.48	33.80	36.43	30.98	24.87

资料来源：中国统计年鉴2018

5. 城市土地生态环境问题日益突出

亚里士多德曾经说："人们为了生活来到城市，为了更好地生活而居留于城市。"[①] 城市也叫城市聚落，是人口居住稠密的地域，具有政治、经济、文化为中心的工业区和商业区的社会组织形式。由于我国西部地区国土资源总量相对短缺，国内区域分布与经济开发失衡，经济发展水平低下，经济结构缺陷突出，稠密的城市人口与有限的土地利用之间的矛盾日益加剧，城市土地的脆弱性给生态环境的保护带来巨大的影响。在城市化发展过程中，人们往往根据自己的利益取向、主观意愿甚

[①] 曹雨真：《善治：新加坡微观察》，北京：清华大学出版社，2015年版，第3页。

至是审美需要，试图改变自然生态，以使其向人工生态方向发展，因此城市的发展必然破坏原生态的自然环境，在使自然生态环境发生巨大变迁的过程中，进一步导致生态功能的恶化、退化，由此产生城市生态安全问题。

当前，威胁西部地区土地安全的突出问题表现为多立足于省域经济发展，难以从区域性生态发展视角甚至国家整体生态安全性需求进行全局性的协调规划，土地利用类型转换的盲目性问题突出。我国西部地区的城市由于地处边缘化地带，社会经济发展长期落后，随着西部大开发使得大量农业人口集聚到城市，新兴城市的建设、发展致使人地矛盾不断激化。由于土地利用密度过大、土地利用规划不合理，致使城市土地的生态问题矛盾突出。

城市化发展"意味着区域人口压力激增，使城市自然生态环境受到人类活动强烈的干扰、破坏和改变，造成城市自然生态平衡失调，城市基础设施超负荷运转，人工生态环境不堪重负"①。同时，由于工业生产的扩张式发展，大量废弃物排放增加，使得城市环境的自净能力减弱，导致生态破坏和环境污染严重；由于城市人口密集，高楼林立、建筑稠密、道路拥挤，绿地空间局促、狭小，空气污染严重，大大挤压了人们自由活动、舒展身心的空间，而公共生活空间的扩展，人类生产生活方式的多样化又加剧了噪声和垃圾等废物的排放，危害着城市生态环境。就整体而言，西部地区区域经济发展水平以及城市公共设施投入等方面明显滞后于中、东部地区（见表3－10），西部地区除了内蒙古、宁夏、重庆等5个省区（市）外，7个省区的人均公园绿地面积低于全国人均14.01平方米的水平。在西部各省区中，除云南、贵州、西藏三

_____

① 董宪君：《生态城市论》，北京：中国社会科学出版社，2002年版，第53页。

个省区外，空气质量均明显低于中、东部地区，空气质量指数优良达标率偏低。表明西部地区城市化发展水平与东部地区尚有明显差距，付出的生态环境的代价不可低估。

表3–10　西部主要省区城市化发展情况一览表（2017年）

省份	城市人口密度（人/平方千米）	城镇化率（%）	人均生活用水量（m³/人）	城镇居民人均可支配收入	空气质量指数优良达标率（%）	万人拥有公共交通车辆（标台）	人均公园绿地面积（平方米）
内蒙古	1824	62.02	114.5	35670.0	85.3	10.65	19.66
广西	1950	49.21	257.2	30502.1	88.5	10.74	12.42
重庆	2017	64.08	151.6	32193.2	83.0	11.5	17.05
四川	2962	50.79	202.1	30726.9	82.2	14.46	12.48
贵州	2302	46.02	177.3	29079.8	96.5	11.02	15.25
云南	3000	46.69	129.4	30995.9	98.2	13.60	11.50
西藏	1232	30.89	265.7	30671.1	97.5	10.43	5.85
陕西	4101	56.79	166.6	30810.3	65.3	15.63	12.64
甘肃	4066	46.39	126.0	27763.4	85.4	10.52	14.87
青海	2777	53.07	182.3	29168.9	92.4	14.37	11.18
宁夏	1388	57.98	179.3	29472.3	81.4	15.26	19.17
新疆	2436	49.38	187.0	30774.8	69.0	14.58	13.23
全国	2477	58.52	178.9	36396.2	–	14.73	14.01

资料来源：中国统计年鉴2018年、各省区社会经济发展状况公报、环境质量公报

城市生态系统作为一个完全开放、高度人工化的生态系统，因为缺乏自然生态系统进行自我调节、恢复，一旦城市发展导致城市生态恢复和还原功能丧失，就难以消除和缓冲城市给自然生态带来的不良影响或自然生态系统本身发生的不良变化。城市生态问题由人口问题、资源问题、社会空间、公共设施问题相互交织，一旦产生短时间内难以消除；更为严重的是，城市生态问题带有明显的扩散性特征，逐渐由城市向乡

村蔓延、扩散、转移。城市生态问题就本质上讲，在于城市社会经济发展与环境承载力不平衡，导致城市生态系统失调。

应当注意，我国目前仍处于加速城镇化的阶段，而西部是城镇化的主战场。截至 2017 年，我国已有 11 个省份城镇化率超过 60%，13 个省份的城镇化率超过了全国平均水平；而在西部地区除了内蒙古和重庆外，其余 11 个省区城镇化率均低于全国 58.52% 的平均水平。根据发达国家城市化经验，城镇化率在 30% ~70% 期间是加速城镇化的时期。当前西部地区城市化生态问题是由于在城镇化发展过程中缺乏合理规划，忽视人与自然之间的和谐共生所造成，那么人类就必须转变观念，转变思维方式和生产、生活方式，为最终解决"城市病"寻找出路与方法，努力营建适宜人居的生态城市而进行努力。

三、影响西部地区国土资源安全的因素

土地是人类社会生产和一切发展的源泉。近些年来，资源、环境、人口、可持续发展问题已成为关系国计民生、国家安全的重大战略问题。然而，我国西部地区国土资源存量不足、结构缺陷严重、区域分布与开发失衡，土地浪费、退化、流失甚至损毁现象严重，已经成为制约未来西部地区发展的重要因素。

1. 国土资源的开发利用与资源可持续利用之间的矛盾

国土资源利用的可持续发展是经济发展和社会进步不可或缺的物质基础。没有土地资源，就意味着丧失了赖以生存的基础条件，人类一切社会经济活动和生命运动都将停止。

我国领土面积居世界第三位，但国土资源形势却并不乐观。由于人口众多，国土资源结构缺陷存在着人均土地、人均耕地、人均林地、人均草地面积以及人均水资源量存量不足的突出问题，我国西部地区国土

资源的可持续利用与经济发展之间的矛盾将长期存在。可持续发展的重要标志是资源的永续利用和良好的生态环境。土地的合理利用是基于土地质量、土地生产潜力、土地性质与结构、土地使用价值、土地生态系统与土地利用方式进行全面评估和深入研究的基础上，进行科学、合理的规划、设计，但在实际利用过程中，由于长期实施粗放的经营管理，对土地利用缺乏科学的投入产出核算，无视自然生态规律、经济运行规律，急功近利的浮躁心态与草率冲动的盲目决策，往往导致地区土地利用方面存在认知偏差和策略决策不科学，出现国土资源无序开发、过度开发，对国土资源的大量消耗、浪费和占用同时并存的突出问题。

2. 有限的国土资源与巨大的人口增长之间的矛盾

人口与环境资源可持续发展有着不可分的关联性，人口素质问题制约着国家当前与未来发展的战略。在区域资源持续利用中，人口素质的资源优势越来越彰显出它的重要性，但西部地区人口素质偏低、人力资源优势不足的问题较为突出。人口素质越低，生产力的发展越受到制约，直接结果是造成社会经济发展的速度相对滞后、迟缓。反之，劳动者素质越高，在意识上相对更能理解可持续的发展理念和生态观念，并在行动上积极配合、践行，采取合理举措，则能够较为顺利地实现改善生态环境的目标。可以说，如果西部地区人口素质相对偏低的现状不改变，生态安全趋于恶化以及资源紧缺的状况不予改善，则难以实现可持续发展的目标。

土地的人口承载力是指一个国家的土地资源持续稳定承载的人口限度，它与人口的增长成反比，人口数量的提高必将导致对自然和环境资源的需求加大、资源消耗的增加。在我国西部地区 12 个省区（市），占全国国土面积 60% 的土地上生活着全国 27% 的人口。由于西部地区人口增长速度高于全国水平，特别是在西部民族贫困地区，农业和流动人口多，受教育面较其他地区低，观念意识更新相对缓慢，人口素质偏低，出现人口—资源—环境恶性循环的怪圈。因此，有限国土资源和人口发展不均衡的矛盾在西部一直是一个严峻问题，导致土地的人口承载力降低。

表3-11 西部地区耕地面积变化情况一览表（2012—2017年）

单位：千公顷

地区	2012年	2013年	2014年	2015年	2016年	2017年
内蒙古	9186.9	9199.0	9230.7	9238	9257.9	9270.8
广西	4414.2	4419.4	4410.3	4402.3	4395.1	4387.5
重庆	2451.3	2455.8	2454.6	2430.5	2382.5	2369.8
四川	6732.1	6734.8	6734.2	6731.4	6732.9	6725.2
贵州	4552.2	4548.1	4540.1	4537.4	4530.2	4518.8
云南	6224.9	6219.8	6207.4	6208.5	6207.8	6213.3
西藏	442.2	441.8	442.5	443	444.6	444.0
陕西	3985.5	3992.0	3994.8	3995.2	3989.5	3982.9
甘肃	5383.5	5378.8	5377.9	5374.9	5372.4	5377.0
青海	588.5	588.2	585.7	588.4	589.4	590.1
宁夏	1282.7	1281.1	1285.9	1290.1	1288.8	1289.9
新疆	5148.1	5160.2	5169.5	5188.9	5216.5	5239.6

资料来源：中国统计年鉴2018

就我国西部地区整体而言，在复杂的自然、历史、地理环境因素的共同作用下，存在国民教育水准相对较低的问题，尤其是一些少数民族聚居地区，绝大部分人口散居乡村，生活在山高路险、土壤贫瘠的山区、半山区。在与贫困抗争的过程中，生存成为人类的第一位需求，人们不得不向大自然索取更多的资源，由于生态系统的稳定性较差、抗干扰性较弱，土地污染和退化、土地生产力进一步下降，使得本来较为脆弱的生态系统持续恶化，进而加剧了贫困的深度，实现区域经济可持续发展目标的难度较大。

表 3 – 12　西部地区年末人口变化情况一览表（2012—2017 年）

单位：万人

地区	2012 年	2013 年	2014 年	2015 年	2016 年	2017 年
内蒙古	2490	2498	2505	2511	2520	2529
广西	4645	4719	4754	4796	4838	4885
重庆	2945	2970	2991	3017	3048	3075
四川	8076	8107	8140	8204	8262	8302
贵州	3484	3502	3508	3530	3555	3580
云南	4659	4687	4714	4742	4771	4801
西藏	308	312	318	324	331	337
陕西	3753	3764	3775	3793	3813	3835
甘肃	2582	2591	2600	2610	2626	2600
青海	573	578	583	588	593	598
宁夏	647	654	662	668	675	682
新疆	2233	2264	2298	2360	2398	2445

资料来源：中国统计年鉴 2018

第二节　西部地区水资源生态安全

　　水资源作为一种极为重要的自然资源，对人类和生物的生存发展都具有极为重要的基础性作用。生态学整体性理论提出，在一定时间和空间范围内的生态系统都是一个不可分割的有机统一体，作为系统中任何生物都不可或缺的水资源如果受到影响，不管是水质还是水量发生改变，都会带来整个系统的一系列反应，包括生物生存环境的变化以及生物生长、发育、种类等一连串连锁反应。

　　西部地区由于幅员辽阔，高原和高山众多，在参与全国、亚洲甚至全球水循环体系中都是重要的组成部分，西部地区水资源生态安全因其特殊的地理位置极为重要。比如在西部高寒地区，由于受到全球变暖的影响，冰川消融，水资源量大幅缩小，进而影响到当地物种的生存，整个生态链都会发生改变。因此，必须在对水资源摸清情况、进行全面严谨的科学论证基础上，进行合理开发，确保水资源的安全，才能充分体现西部地区水资源的生态价值与经济价值。

一、西部地区水资源禀赋状况

就水资源总量来看，西部地区水资源总量比较丰富。我国各地区的水资源分布状况以西藏、四川、云南和广西等省区最多，水资源拥有量年均 1800 亿立方米以上。这是由于我国西南地区湿润多雨，常年降雨量基本在 1000~2000mm，水资源和水能资源十分丰富，占全国径流总量的三分之一，是我国长江水系、黄河水系以及澜沧江的源头。西藏地区水能资源理论蕴藏量达 2.1 亿千瓦，技术可开发量 1.4 亿千瓦，分别占全国的 29% 和 24.5%，均居全国首位。而位于滇西地区的红河、怒江、澜沧江，既是我国重要的潜在水资源，也是 21 世纪最重要的后备水资源。2012 年到 2017 年西部地区水资源总量占到了全国总量的一半，到 2017 年，全国水资源总量为 28761.2 亿立方米，其中西部地区水资源总量就达到了 16328.2 亿立方米，占全国水资源总量的 56.77%（见图 3-2）。

就水资源空间分布来说，西部各省区水资源分布极为不均衡，南多北少，全国水资源年拥有量最多的几个省区在西部，拥有量最少的宁夏也在西部。从"西部地区 12 省区水资源总量状况"（见表 3-13）可以看出，处于西南地区的西藏、广西、四川、云南、贵州的水资源总量丰富，而占到西部地区一半以上的西北部区域，如宁夏、甘肃、内蒙古等地水量依旧十分匮乏。陕西、甘肃、宁夏等地区水资源年拥有量分别为

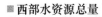

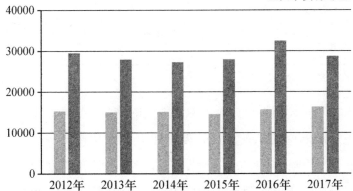

图3-2　2012—2017年全国与西部地区水资源总量状况

资料来源：中国统计年鉴2013—2018年

449.1亿立方米、238.9亿立方米，其中宁夏年均拥有水资源量最少，不足11亿立方米。

表3-13　西部地区12省区水资源一览表（2017年）

地区	水资源总量 （亿立方米）	地表水资源量	地下水资源量	地表水与地下 水资源重复量	人均水资源量 （立方米/人）
内蒙古	309.9	194.1	207.3	91.5	1227.5
广西	2388.0	2386	446.6.6	444.6	4912.1
重庆	656.1	656.1	116.1	116.1	2142.9
四川	2467.1	2466.0	607.5	606.4	2978.9
贵州	1051.5	1051.5	260.8	260.8	2947.4
云南	2202.6	2202.6	762.0	762.0	4602.4
西藏	4749.9	4749.9	1068.0	1086.0	142311.3
陕西	449.1	422.6	141.6	115.1	1174.5
甘肃	238.9	231.8	133.4	126.3	912.5
青海	785.7	764.3	355.7	334.3	13188.9

续表

地区	水资源总量 （亿立方米）	地表水资源量	地下水资源量	地表水与地下 水资源重复量	人均水资源量 （立方米/人）
宁夏	10.8	8.7	19.3	17.2	159.2
新疆	1018.5	969.5	587.9	537.9	4206.4

资料来源：中国统计年鉴 2018

就人均水资源情况来分析，西北地区的陕西、甘肃、宁夏等省区水资源严重短缺的问题长期存在，2017 年宁夏人均水资源仅有 159.2 立方米/人。上述地区自然条件恶劣，降雨量远远低于蒸发量，总体上以干旱气候为主，水资源只有全国的 18%，水能资源不足 30%，地区分布也极不均衡。长期以来，脆弱的生态平衡只能依靠当地区域自然界特有的水循环体系维持。

从西部地区水资源的特点来看，由于受西部地理环境、土地开发以及森林植被等多种因素的影响，河川泥沙含量有较大的地域差异。"在干旱、半干旱区和黄土高原地区，河流泥沙含量较高，多年平均年输沙模数多大于 1 000t/km² 。西南边陲的元江、澜沧江中游，怒江支流南、金沙江下游（龙街至屏山），大渡河下游（康定以下），岷江中游（邛崃山东段）、涪江上游、嘉陵江上游（广元以上），长江上游干流（忠县至巫山段）、汉江上游（安康至白河）等，由于地处西南季风多雨带，加之坡陡、流急等因素的共同作用，河流含沙量较高，其多年平均输沙模数也在 1000t/km² 以上。西部草原区如西藏，以及广西、贵州岩溶发育区河流输沙模数较低，在 100t/km² 以下。西北部干旱荒漠和半荒漠区，由于很少出现暴雨，河流输沙模数也较低。"① 西部地区除了西

---

① 甄淑平，吕昌河：《中国西部地区水资源利用的主要问题与对策》，《中国人口·资源与环境》，2002 年第 1 期，第 87 页。

北干旱、半干旱区的河流水质稍差，矿化度偏高，其他大部分地区的河水总体硬度不高，基本满足一般用水的要求。

二、西部地区水资源生态安全现状

水资源作为一种极为宝贵的自然资源，既具有极高的经济价值，又具有无可替代的生态环境价值，对人类和生物都具有极为重要的基础性作用。当前，西部地区水资源生态安全由于受到多方因素的影响，面临着诸多问题。

首先，从水资源承受的压力来看，影响西部地区水资源生态安全的突出问题在于水资源承受的人口压力较大。水资源短缺是将可利用的水资源数量与其他因素相比较得出的一个相对性结论。根据马琳·法尔肯马克与卡尔·威德斯坦特提出的水稀缺指数理论，当人均年用水量不足1000立方米时，就会出现长期性供水短缺，并对工业发展和人类健康造成影响。[①] 虽然西部地区水资源总量占全国水资源总量的一半，但由于地区空间分布极不均衡，且西部地区生产力水平相对落后，特别是像宁夏、甘肃等水资源极度缺乏的地区，水资源生态安全更是面临着更大的压力。西部地区水资源人均水平在河西走廊达1590立方米，人均水资源量最为丰富的新疆为60000立方米，但是对于人口稠密的西部地区来说，安全可用的水资源仍然面临紧缺的困扰。

其次，西部地区水土流失现象对水资源生态安全的保障造成严重的影响。我国是世界上水土流失问题严重的国家之一，西部地区则是我国水土流失最为严重的区域，由于西部特殊的地理环境，自然因素是水土流失发生的潜在原因，但是人为因素成为水土流失加剧的催化剂。如在

---

① ［德］佩特拉·多布娜著：《水的政治——关于全球治理的政治理论、实践与批判》，强朝晖译，北京：社会科学文献出版社，2011年版，第39页。

水土流失较为严重的内蒙古自治区，因为多数地区处于干旱、半干旱状态，生态环境脆弱，加之毁林、毁草开荒、陡坡开荒等人为原因，增加了水土流失的面积。在国家重点治理的八大重点片区中，内蒙古自治区就有 4 个。近些年来，西部地区不断加强水土流失问题的治理，从2013 年到 2017 年西部地区水土流失治理面积为 66222 千公顷，占全国水土流失治理面积的 52.62%（见图 3 – 3）。

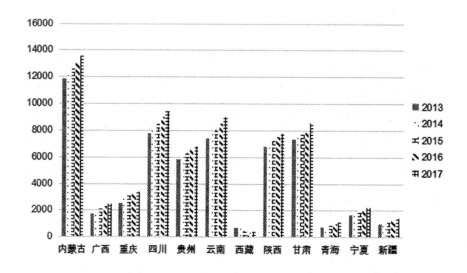

图 3 – 3 2013—2017 年西部各省区水土流失治理面积（千公顷）

数据来源：中国统计年鉴 2014—2018 年

最后，从水资源开发利用效率来看，提升水资源承载空间有限，成为影响西部地区水资源生态安全的突出问题。水资源的开发利用主要指人类活动的不确定因素，包括受到经济社会发展水平的限制以及人类认识的局限，由此导致人类认识和解决问题的能力受到约束，包括人类无法全面把握和有效控制对西部地区水资源生态安全产生影响所形成的格局，由此引发一系列社会、经济、生态等方面的问题。具体地分区域来看，西北地区的水资源开发状况要比西南地区稍高。目前，全西北地区水资源利用率已达41%，西北干旱区水资源开发和利用要进一步提高水资源的承载力空间非常困难，甚至一些地方的水资源使用已经超过了本身承载能力，上下游之间、不同行业之间用水矛盾激化，制约了区域间的协调、平衡发展。

西部地区水资源开发利用，在农业生产领域，主要表现为地表供水不足与农业灌溉用水浪费现象并存的突出问题。西北干旱地区地表水的开发主要体现在平原水库的建设上，水库建设成为地表水开发的主要方式，占总水资源的70%以上。西北地区水资源的分布状况由第四纪盆地构造所决定，在大陆季风气候作用下，西北干旱区冬春两季是枯水期，由于人为割裂了水资源系统的天然平衡，破坏了地表水与地下水循环，致使水库调节功能不强，难以保证冬春旱季供水需要，地表水供水的水源严重不足，农业用水增加，加之地区人口不断增加，造成用水需求大量上升，水资源的消耗不断增长，干旱对农业灌溉造成主要威胁，导致农作物产量出现不稳定。

影响西部地区的水资源安全问题中，在工业生产领域，主要是工业用水量在单位产值中所占比重过高，水资源的再利用程度较低。西部各地区除了内蒙古和陕西，工业产值（万元）用水量都高于全国平均水平，造成水资源的大量浪费。2011年到2015年西部各省区单位GDP水耗都处于下降趋势，特别是在水资源缺乏、利用率相对较低的新疆、宁夏地区有不小幅度的下降，但是总的来说，西部地区单位GDP水耗明显偏高，平均值达到了176.82立方米/万元，远高于全国平均水平（见图3-4）。

从西部地区水资源利用开发的层面来分析，在对水资源进行开发利用的过程中，一定要从地域特点出发，必须在对水资源的利用开发方式

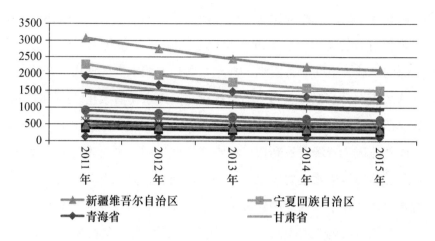

图 3 - 4　2011—2015 年西部各省区单位 GDP 水耗图

资料来源：中国统计年鉴 2014—2018 年

进行充分、严谨的科学论证的基础上，以确保水资源的安全，才能充分体现西部地区水资源的生态价值与经济价值。

我国西南地区水资源开发和利用的空间和潜力巨大。金沙江干热河谷地带是世界上少有的水能资源富集的河流，同时又属于生态环境脆弱带，对外界的干扰敏感度高，自我调节、自我恢复力较弱。由于高山峡谷众多，山地面积比例大，目前开发程度低，利用难度大。西南地区虽然降水相对丰沛（大于 2000mm），但是溶岩地貌分布广泛，降水或地表河流大部分渗入地下，形成地下暗河水系，各河流地表水控制利用率 2% 都不到，水资源总量利用消耗率仅有 1%，因为缺乏有效调蓄，造成当地地高而水低，地表缺水十分严重。

在生态环境极为脆弱的西北干旱地区，要实现可持续发展，水资源短缺则是最大的瓶颈，因此应该从整个西部实施跨区域、跨流域的引水调度工程，才能更好地解决各地水资源供需紧张的状况，实现当地经济社会可持续发展。由于水资源的不当开发和利用致使水环境总体恶化，已经成为西北地区荒漠化、沙漠化的主要原因。而在对水资源进行开发和利用时，一定要把区域性水资源的特点、规律充分考虑进去，强化节水意识，以高效型、节水型工农业生产为目标，不断提高水资源的利用效率，实现水资源的合理规划和科学管理，协调好水资源生态安全，促进当地社会经济可持续发展，这是当前摆在我们面前亟待解决的重大课题。

第三节　西部地区森林资源生态安全

森林生态系统是以乔木为主体的、陆地上面积最大的生态系统，森林生态系统中包括灌木、草本、动物、微生物及生物赖以生存的土地、水分、光照等非生物环境因子。所以，森林资源既包括植物资源、动物资源和微生物资源在内的生物资源，也包括了土壤资源、矿产资源、水资源、森林景观资源和源远流长的森林文化资源在内的非生物资源[①]。在一个国家或地区的社会经济发展进程中，农业是基础，水利是命脉，林业是保障，森林资源数量的多寡、森林生态系统的稳定，直接影响其农、林、牧、旅游业等相关产业能否实现可持续发展。因此，森林生态安全是生态安全的重要组成部分，也是生态文明建设的基础保障。

在我国社会主义建设进程中，从 20 世纪 50 年代到 80 年代中期，森林资源曾经遭到严重的掠夺性开采、破坏。在新中国成立初期，因工业技术发展水平落后，从建盖房屋、铁轨枕木、采矿坑木到日常的烧火做饭、取暖等，都大量依赖木材；从 1958 年的"大跃进""大炼钢铁"运动，1966—1976 年"文化大革命"期间大范围的毁林开荒，以及 20

---

① 李梅主编：《森林资源保护与游憩导论》，北京：中国林业出版社，2004 年版，第 12 页。

世纪80年代南方集体林区木材市场开放导致的过度采伐,甚至某些偏远地区政府奉行的"木头财政"政策等,使得我国森林资源消耗过快,急剧下降。我国是一个森林生态十分脆弱的国家,森林覆盖率远低于全球31%的平均水平,人均森林占有面积不到世界人均水平的四分之一,人均森林蓄积占有量仅相当于世界人均水平的七分之一①。在经济发展水平长期滞后于全国的西部地区,森林资源面积、森林质量、森林生态安全状况堪忧。四川省在20世纪50年代,森林覆盖率为30%~40%,80年代降至16.9%,90年代略有上升,达到24.23%;云南省在20世纪50年代,森林覆盖率为50%,90年代降至25%。加之在西部大开发潮流下一度表现出盲目的市场导向,使得西部地区森林生态安全受到严重冲击,水土流失、土壤沙化、洪涝灾害频发等生态问题随之而来。

在国内生态环境日趋恶化的背景下,森林生态系统在保护、修复生态环境中的重要作用得到进一步认可,我国林业经营思想发生了重大转变,林业政策从采伐利用转向森林营造和保护,森林经营目标从木材生产为主转向了多种经营,兼顾森林经济、生态效益和社会效益。在此思想的指导下,自20世纪90年代我国先后实施了一系列以环境治理、生物多样性保护为目标的林业生态工程项目,如三北防护林体系建设、长江中上游防护林体系建设、退耕还林还草、天然林保护工程、封山育林、自然保护区建设等,林业建设和保护投入不断增加,使我国的森林资源无论在数量的增加抑或质量的提升方面,都有了一定的改观。根据历时5年(2009—2013)完成的第八次森林资源清查显示,我国森林覆盖率为21.63%,森林植被总生物量170.02亿吨,总碳储量达84.27亿吨;年涵养水源量5807.09亿立方米,年固土量81.91亿吨,年保肥量4.30亿吨,

---

① 张余田:《森林营造技术》,北京:中国林业出版社,2015年6月版,第3页。

年吸收污染物量 0.38 亿吨，年滞尘量 58.45 亿吨①，在保护国土安全、保护生物多样性、调节径流等方面发挥着重要的作用。森林生态功能的价值非常可观，有学者参照国际上森林生态系统生态服务功能的核算指标和体系，对 2013 年我国西部地区森林生态系统的生态价值进行估算，认为生物量碳汇潜力为 43 亿吨左右，按国际市场上碳交易价格8～10美元/吨计算，碳汇价值为 430 亿美元。如果考虑林下植物和林地的固碳量，则西部地区森林碳汇总量约 104 亿吨②，价值 5237 亿～6546 亿元，而这仅仅是西部地区森林资源在减少温室气体方面体现出的价值。

西部地区是我国森林资源面积比重大、生态类型多样、生物多样性丰富的区域，成为我国实施天然林保护、封山育林、退耕还林还草等生态工程的主战场，至 2014 年，西部地区实现封山（沙）育林面积占全国的 66.32%③。西部地区的森林资源数量和质量，在我国的环境治理、森林碳汇、社会经济发展中担负着重要的责任；西部地区森林生态安全状况，是西部乃至全国国土安全、生态多样性保护及生态文明建设的重要基石。

一、西部地区森林生态资源概述

作为经济欠发达的西部地区，复杂的高山峡谷地形条件，使水分、温度、土壤等自然资源重新分配，形成了丰富多样的自然地理环境，气候的垂直地带性非常突出，孕育了丰富多样的森林生态系统，跨越了从

---

① 徐济德：《我国第八次森林资源清查结果及分析》，《林业经济》，2014 年第 3 期，第 6 页。

② 孙根紧：《我国西部地区森林碳汇估算及潜力分析》，《广东农业科学》，2015 年第 13 期，第 184 页。

③ 姜钰管，管时一：《中国区域林业发展现状分析》，《经济师》，2017 年第 4 期，第 60 页。

热带季雨林、热带雨林、常绿阔叶林、针阔混交林、落叶阔叶林到暖热性针叶林、暖温性针叶林、寒温性针叶林、竹林、灌丛、荒漠、高山草甸的多种生态系统类型。

1. 西部地区森林资源占据全国半壁江山

据国家林业局公布的 2011 年林业统计数据显示，西部的森林面积和蓄积量分别占全国 54.27% 和 61.90%。在 2015 年，西部地区森林面积和蓄积量均有所上升，分别占全国 59.70% 和 64.64%。从森林起源看，我国天然林面积主要集中在黑龙江、内蒙古、云南、四川、西藏五省区，除黑龙江外，其余四省区均位于我国西部地区，其天然林面积和蓄积量分别占全国 37.18% 和 55.15%，在全国占有较高的比重，对保护生物多样性、调节径流、维持国土安全发挥着重要的作用。西部地区人工林面积较多的是广西、四川、云南、内蒙古，分别占到全国的 8.36%、6.74%、5.30% 和 4.93%，分别位于全国第 1、4、6、7 位。主要树种是桉树、柏木、云南松、华山松、杨树等，对生态恢复、缓解国内木材需求，促进当地群众增产、增收都发挥着重要的作用。西南和西北是我国灌木林的主要分布区，其中西藏、四川、云南、广西、内蒙古、新疆、青海、甘肃 8 个省区占全国总面积的 75.28%。灌木林耗水小、耐干旱、适应性强，可拦截地表径流、保持水土，是构成森林生态系统的重要的植物群落。综上不难看出，不论是天然林还是人工林面积，内蒙古、四川、云南三省在全国都位于前列，因而成为我国主要的林区。

2. 西部地区各省区森林覆盖率悬殊

西部地区森林覆盖率低于全国平均水平。比较我国按社会经济发展格局划分的西部、东部、中部和东北部四个区域中，森林覆盖率分别为 17.05%、35.68%、33.3% 和 40.22%，西部地区最低，这主要是因为森林资源地区分布不均匀所致。西南高山峡谷林区（西南横断山地区、雅鲁藏布江地区和喜马拉雅地区），是我国重要的林区，森林面积与林木蓄积量均占全国的四分之一以上。位于我国西部的广西、云南两个省区森林覆盖率最高，分别为 56.51% 和 50.03%，陕西、重庆、四川、贵州森林覆盖率维持在 35% 左右，超过全国 21.63% 的平均值；而西北地区的宁夏、青海、甘肃、内蒙古、新疆等干旱、半干旱地区占我国国土面积 30%，其森林面积、森林蓄积明显偏少，西藏、甘肃、宁夏三个省区森林覆盖率徘徊在 11% 左右，新疆和青海森林覆盖率仅为4.24% 和 5.63%，是我国森林资源最少的两个省区。

表 3-14　西部各省区森林资源一览表

省区（市）	森林面积（万公顷）	人工林（万公顷）	森林覆盖率（%）	林业用地面积（万公顷）	活立木总蓄积量（万立方米）	森林蓄积量（万立方米）
内蒙古	2487.9	331.65	21.03	4398.89	148415.92	134530.48
广西	1342.7	634.52	56.51	1527.17	55816.60	50936.80
重庆	316.44	92.55	38.43	406.28	17437.31	14651.76
四川	1703.35	449.26	35.22	2328.26	34834.40	168000.04
贵州	653.35	237.30	37.09	861.22	34384.40	30076.43
云南	1914.19	414.11	50.03	2501.04	187514.27	169309.19
西藏	1471.56	4.88	11.98	1783.64	228812.16	226207.05
陕西	853.24	236.97	41.42	1228.47	42416.05	39592.52
甘肃	507.45	102.97	11.28	1042.65	24054.88	21453.97
青海	406.39	7.44	5.63	808.04	4884.43	4331.21
宁夏	61.8	14.43	11.89	180.10	872.56	660.33
新疆	698.25	94	4.24	1099.71	38679.57	33654.09
全国	20768.73	6933.38	21.63	31259.00	1643280.62	1513729.72
西部地区	12416.62	2620.08	27.06	18165.47	818122.55	893403.87
西部地区占比（%）	59.79	37.79	-	58.11	49.79	64.64

数据来源：中国统计年鉴 2018 年，数据源自第八次全国森林资源清查（2009—2013）资料

3. 西部地区森林资源质量高于全国平均水平

评价森林资源的质量通常用乔木林单位面积蓄积量、单位面积生长量、单位面积株树、群落结构、森林灾害、森林健康状况等指标。综观西部地区乔木林单位面积蓄积量指标在全国的排名，除宁夏排名第23位外，其他省区（市）都位于全国前15以内，其中西藏、新疆、四川、青海、云南分别位于第1、2、3、5、6位；从乔木林生态功能等级看，川西林区、滇西北林区、西藏林芝、鲁朗、波密林区的生态功能较高。

4. 西部地区森林资源增长速度低于全国平均水平①

根据第四次至第八次资源清查数据分析结果表明，京津冀和"长三角"东部沿海是我国森林资源增长率高的地区，而广袤的西部地区森林资源增长缓慢。究其原因，一是在西部地区森林生态安全建设的空间随着城市化、工业化进程加速遭到挤压，可造林面积日益缩小；二是西部地区立地条件差，造林难度越来越大。据第八次森林资源清查，我国宜林地中大部分为立地条件差的造林地，其中三分之二分布在西北、西南地区，多为沙漠、石灰岩山地、石漠化、干热河谷等区域，水土严重流失，气候恶劣，造林难度很大，成本投入高、见效慢，西部地区植被恢复面临着很大的挑战。

总之，我国西部地区森林资源具有类型多样、种类繁多以及分布不均、保护管理压力大、森林资源增加难度大的特点。西部地区严守林业生态红线，发挥森林资源在维护国家生态安全底线中的重要作用，面临的压力日益加大。因此，迫切需要国家加大对西部生态脆弱地区林业发展的投入。

---

① 张绒仙：《西部森林资源存在的问题及对策》，《陕西农业科学》，2011年第1期，第97页。

二、西部地区森林生态安全现状

森林生态系统中包含动物、植物、微生物、土地、水文、气候、景观等各个成分，构成了一个有机的整体，森林生态系统结构复杂、功能多样，各成分之间相互依存、相互影响，其中任何一个因子发生变化，都会影响到作为森林主体的林木生长。森林火灾、滥砍滥伐、外来物种入侵、无序采矿、过度樵采放牧等，都影响着森林生态系统的安全。

在西南独特的高山峡谷地貌和西北干旱寒冷的恶劣气候条件下，对经过漫长的自然演替过程形成的森林生态系统而言，其生态重要性和森林生态系统的脆弱性毋庸置疑。我们必须在保护森林生态系统安全的前提下，不断扩大森林资源，逐渐恢复和加强森林生态功能，才能发挥森林生态资源在维护国土安全，保障农业、牧业、旅游业等可持续生产与发展中的重要屏障作用。

基于西部地区森林资源的重要生态、社会功能，我国政府实施了长江中上游及"三北"防护林体系建设、天然林保护工程、退耕还林还草工程、重点地区速生丰产用材林基地建设、野生动植物及保护区建设等林业重点生态工程，将西部地区列为重点实施区域。据《2015 中国林业发展报告》显示，2014 年全国林业投资实际完成 4325.51 亿元，其中西部地区为 1984.19 亿元，占 45.87%。西部地区是我国林业建设投资的重点区域，2015 年林业投资 2039.20 亿元，占全国总投资额的 47.53%，完成造林面积 387.79 万公顷，占全国 50.48%，比 2014 年增长 2.77%①。林业投资增长的趋势表明我国政府对森林生态安全高度重视，但西部地区森林资源的生态安全仍然面临着很大挑战。

---

① 计财司：《2016 年中国林业发展报告》，中国林业网，2016 年 12 月 9 日。

1. 复杂而恶劣的气候条件形成对西部地区森林生态安全的威胁

受全球气候变化的影响，西部地区复杂的气候环境条件，尤其是青藏高原高寒地区，决定了西部地区森林生态系统脆弱性特征突出。西南地区严重的干旱导致森林火灾频发、森林病虫害严重，局部地区人工林因干旱而成片死亡；青藏高原的青海、西藏等局部区域受全球气候变暖等影响，局部地区沙漠化面积在扩展，在海拔三千六百多米的西藏拉萨贡嘎机场，周边山谷中大面积沙化坡地令人触目惊心。云南省是我国四大重点林区之一，素有"植物王国"的美称，被列入全国生物多样性保护的关键区域，但是近年来，由于云南西北高山峡谷地区部分冰蚀湖泊面积逐步缩小，影响了当地高山灌丛、植被的生长发育，而植被一旦遭受破坏，要恢复非常困难。

2. 西部地区一度存在的经济无序发展破坏了森林生态安全

我国自 2000 年实施西部大开发以来，大量东部发达地区的资金进入矿产、旅游、水利资源丰富的西部省区，在促进经济快速发展的同时，很多环境问题随之而来：发达地区淘汰的落后、污染加工企业因西部地区低廉的土地和劳动力成本纷纷转移到西部地区，加剧了水、土壤的污染；伴随着西部地区旅游业开发，大量基础旅游设施如公路、酒店等建设项目纷纷上马，致使大量林地被侵占、森林植被的破坏进一步加剧。在西部的一些地区，人民群众长期沿袭的日常生产活动、生活方式对森林资源的依赖性很大。因为经济社会发展水平相对落后，林区群众的生产、劳作以及日常生活都离不开森林，无论是建房、放牧、烧柴取暖、挖药、采竹笋等都造成了大量的森林资源消耗。大量人为活动的介入干预，导致森林生态系统的稳定性下降，防火、抗病、抗干旱等能力减弱，森林生态容量不断减小，许多珍稀动植物资源大量减少，种群下降，生存环境遭到破坏。

西部地区是我国矿产资源丰富的区域，大量开矿严重破坏了矿区植被、水源和地质结构，威胁着林木、灌丛的正常生长发育。在矿产开采生产过程中修路、架桥，导致地形地貌和地表植被严重破坏；西南地区大量的铜矿、煤矿、铅锌矿、铁矿等都是深埋于大山中，开矿留下的矿井深达数公里，大量的降雨、地表水和森林涵养的山泉水顺势向低处流走，在很多矿区"山有多高，水有多高"的景象早已不复存在。在云南东川矿区，由于矿业开采造成植被减少，而实施人工造林难度大，成活率极低；加上区域生态脆弱性突出，一旦遭遇恶劣的干旱气候，不仅直接带来山区群众面临着人畜饮水困难的严重问题，也使得一些已经种植4～5年、胸径达10cm的核桃树以及生长期达40～50年的云南松等大树干旱而死，当地民众的经济财产损失令人痛心。传统开矿作业方式带来一系列衍生性生态问题，直接或间接地威胁着矿区人民生活质量和社会经济后续发展，森林生态恢复面临着前所未有的挑战。

3. 外来物种的竞争进一步挑战西部地区森林生态安全

外来植物的大面积人工种植或入侵，导致土壤板结、本地生物多样性减少，森林生态系统涵养水源、保持水土等功能减弱。至2013年，云南已查明的外来入侵物种有209种，其中植物158种，无脊椎动物22种，病原微生物13种，脊椎动物16种；而据2018年《中国外来入侵植物名录》记载，云南已有外来入侵物种三百余种，外来物种入侵的形势依然严峻。近些年来，在引进经济作物的种植过程中，在促进地方经济发展的同时，也产生了对区域性生态安全不容低估的影响。在云南西双版纳，自20世纪50年代大面积发展橡胶种植后，导致原有的热带雨林生态环境、水资源、生物多样性甚至气候环境都发生了一系列微妙而深刻的变化。在2009—2011年间，受到西南地区干旱的影响，西双版纳地区在冬春枯水期，一些村寨附近的小河干枯，甚至出现多年以来赖以生活的山泉水断流的问题。在云南滇中地区，大面积发展桉树人工林引发的生态安全问题令人关注。因为桉树具有强大的生命力和适应力，与本地林木争夺林地资源，本地植物根本无法与之竞争。桉树一年四季没有休眠期，由于生长快、耗水量大，致使桉树林下草本植物、灌木、微生物数量减少，不仅使本土阔叶树种所具有的改良土壤功能下降，还导致土壤板结、肥力贫瘠。这些外来植物对西部地区的森林生态安全形成了严重的威胁。

就整体而言，西部地区森林生态安全面临着多方面的挑战，尽管森林资源面积虽然有所增加，但整体质量在下降，西部地区生态环境仍未得到根本的改善。在长江中上游地区，金沙江、雅砻江、大渡河和岷江的源头本是天然林的集中分布区，但森林覆盖率在近 40 年里由 30% 下降到 14.2%，森林资源面积减少了 317.5 km²。每年大量流失的地表土壤，不仅削弱了林地的生产力，使林木生长速度下降，也使得林下灌丛、草本植物、土壤微生物等生存环境受到破坏。水土流失面积有增无减，已达 72 万 km²，比 20 世纪 50 年代增加一倍，每年流入长江的泥沙量达 6 亿多吨①。相对恶劣的生态环境，反过来又影响到森林生态系统的正常发育，低下的森林覆盖率远远不足以维持生态平衡，成为当地乃至整个长江流域生态恶化的根本原因。西北地区沙化、西南地区石漠化的局面仍然没有得到根本转变，当地草原、天然次生林森林面积在减少，也使得周边地区森林生态系统的安全遭遇潜在威胁。

---

① 白传胜：《西部森林资源开发中存在的问题及对策》，《科技创业月刊》，2003 年第 6 期，第 79 页。

第四节 西部地区矿业资源生态安全

我国西部地区地貌雄伟壮观，疆域辽阔、地广物丰，蕴含着极为丰富的矿产资源。在西北地区，新疆有世界第二大沙漠——塔克拉玛干沙漠和世界最低的盆地——吐鲁番盆地，甘肃、陕西、山西一带有世界上最浩瀚的黄土高原；在西南地区，广西、云南、贵州一带拥有号称"天下奇观"的喀斯特地形地貌发育区。广阔无垠的大地和复杂多样的地质地貌为存储丰富的矿产资源提供了巨大空间。

一、西部地区矿业资源概述

中国西部地区最大优势在于丰富的矿产资源。西部矿业在我国国民经济发展中占据重要的地位，是我国国民经济发展和社会发展的战略要地和资源支撑地。这一广袤之地拥有全国稀土储量的 90%、天然气储量的 83.9%、铬矿储量的 72.6%、煤炭储量的 38.6%、锰矿储量的 30.3%、铁矿储量的 23.9%①，西部地区的煤、石油、天然气等能源矿产是目前全国最有潜力的地区，必将成为我国 21 世纪能源和原材料资源的接替地。西部各省区发展必须立足于资源优势，挖掘资源潜力，加大资源开发力度，实现资源开发从粗放型向集约型转变，加快缩小东西部差距，逐步实现从资源优势向经济优势、从经济优势向生态优势的转换，为中国经济发展开拓新的区域。

---

① 李文光：《我国西部地区矿产资源概况》，《化工矿产地质》，2000 年第 3 期。

表 3 - 15　西部地区黑色金属矿产基础储量（2016 年）

地区	铁矿 （矿石，亿吨）	锰矿 （矿石，万吨）	铬矿 （石矿，万吨）	钒矿 （万吨）	原生钛铁矿 （万吨）
内蒙古	18.17	567.55	56.29	0.77	-
广西	0.30	17388.59	-	171.49	-
重庆	0.12	1380.14	-	-	-
四川	27.02	206.34	-	598.55	20850.86
贵州	0.17	4886.87	-	-	-
云南	4.24	1196.81	-	0.07	3.12
西藏	0.17	-	158.47	-	-
陕西	3.97	288.11	-	7.18	-
甘肃	3.24	357.52	141.24	112.32	-
青海	0.03	-	3.68	-	-
宁夏					
新疆	8.26	562.43	42.86	0.16	44.67
西部总储量	65.69	26834.36	402.54	883.36	20898.65
全国总储量	201.20	31033.58	407.18	951.77	23065.10
西部地区占比（%）	32.65	86.47	98.86	92.81	90.61

资料来源：中国统计年鉴 2017

表 3 - 16　西部地区有色金属、非金属矿产基础储量（2016 年）

地区	铜矿 （万吨）	铅矿 （万吨）	锌矿 （万吨）	铝土矿 （万吨）	菱镁矿 （万吨）	硫铁矿 （万吨）	磷矿 （亿吨）	高岭土 （万吨）
内蒙古	437.83	647.65	1444.45	-	-	12377.14	0.11	4586.92
广西	3.12	52.74	188.26	49178.83	-	6002.52	-	43180.03
重庆	-	2.52	8.80	6409.20	-	1453.10	-	0.40

续表

地区	铜矿 (万吨)	铅矿 (万吨)	锌矿 (万吨)	铝土矿 (万吨)	菱镁矿 (万吨)	硫铁矿 (万吨)	磷矿 (亿吨)	高岭土 (万吨)
四川	49.07	99.63	230.20	54.60	186.50	38052.90	4.80	56.10
贵州	0.17	13.45	108.00	13189.90	–	5893.60	6.70	15.0
云南	298.89	240.98	928.20	1397.10	–	4878.90	6.30	311.1
西藏	272.32	89.51	43.10	–	–	–	–	–
陕西	19.93	36.94	97.40	0.90	–	108.30	0.10	81.1
甘肃	132.45	79.63	316.70	–	–	1.00	–	–
青海	18.04	43.68	104.50	–	49.90	50.10	0.60	–
宁夏	–	–	–	–	–	–	–	–
新疆	224.76	102.62	188.30	–	–	3774.90	–	7.8
西部总量	1456.58	1409.35	3657.91	70230.53	236.40	72592.46	18.61	48238.45
全国总量	2620.99	1808.62	4439.11	100955.33	100772.52	127809	32.41	69285.05
西部地区占比 (%)	55.65	77.92	82.40	69.94	0.23	56.80	57.42	69.62

资料来源：中国统计年鉴 2017

表 3 – 17　西部地区矿产保有储量潜在价值

地区	45 种主要矿产保有储量 潜在价值/亿元	全部矿产保有储量 潜在价值/亿元
全国合计	884 433	9 322 095
西部合计	585 854	613 474
西部占全国比例（%）	66.24	65.82

资料来源：国土资源部矿产资源储量司，全国矿产资源潜在价值

二、西部矿区生态安全现状

人类最早直接与自然界发生联系的实践活动之一就是矿业开发活

动。西部地区矿业资源优势突出，矿业开发自然是西部地区的支柱性产业。西部地区矿情复杂，以共生矿、伴生矿居多，开采难度大，由于地质勘察、矿业开发水平长期徘徊不前，矿业开采资金、技术投入不足，加上自然条件相对恶劣，生态脆弱性特征突出，长期沿袭传统矿业开发模式，势必造成资源利用程度低、生态破坏严重的后果。

1. 西部矿区"三废"排放已成为社会公害

一是矿业生产排放废气形成公害。西部地区很多矿山在采矿、选矿、冶炼过程中产生的粉尘、废气、废渣直接就地排放，引发周围区域酸雨现象和大气污染。煤炭采矿行业废气排放量是最高的，占全国工业废气排放量的5.7%，有害物质排放量每年达73.13万吨，主要是一氧化碳、二氧化硫、烟尘和氮氧化物，我国酸雨区面积占国土面积30%以上，多因二氧化硫污染导致。而土法炼锌在我国西南地区非常普遍，这种冶炼方式会产生对环境严重污染的废气、废渣[①]。

二是矿区废水排放成为社会公害。西部一些矿区在作业过程中因选矿、冶炼后产生大量废水以及矿坑水、尾矿池水等，在未经处理达标的情况下任意排放，或是把废水直接排入地表，必然造成土壤或地表水体的污染，近年来，内蒙古多家煤化工企业、药品生产企业就被曝光把废水偷排进沙漠，甚至偷排入黄河，不仅导致周围环境被污染，也使周边村民生命健康权益受到威胁。

三是矿山废渣堆积成山造成污染。在选矿过程中会产生尾矿，伴随矿山开采的品位降低，尾矿也会大量产生。由于尚未在全国范围进行全面统计，因此矿山煤矿的尾矿量缺乏准确、完整的统计数据。作为我国矿产资源富集的区域，西部地区矿区大多并未及时开展矿区生态治理和

---

① 沈渭寿等：《矿区生态破坏与生态重建》，北京：中国环境科学出版社，2004年版。

矿区生态恢复实践，矿山废渣堆积问题更为突出。据专家估计，我国煤矿、非金属矿山、金属矿山固体废弃物的总量至少已经超过 150 亿吨，这些矿山废渣堆放不仅占据大量土地，挤占有限的生态空间，还带来对江河、湖泊水体的污染，土壤的污染，直接影响农、林、牧、渔、副业相关产业生产，势必进一步危及人体健康。

2. 西部矿区矿业过度开发导致生态破坏严重

首先是矿区植被清除，造成生物多样性损失。矿山开采前进行植被清除，开采过程中造成土壤的污染与退化，废渣排放、堆积造成土地侵占，都严重挤压了矿区动物、植物的生存空间，对生物多样性的损害几乎是不可逆转的。生物多样性受损后，尽管一些植被仍能在矿区自然生长，但这类植被往往生态价值功能较低。因为矿山的废弃土地往往土层薄弱、生物活性差，受损的生态系统恢复缓慢，需要数十年乃至上百年才能得以恢复。据国家全国矿山地质环境现状调查显示，因矿产资源开发导致破坏的西部地区土地面积达 181 万公顷。

其次是矿区疏干排水，造成水资源污染。在西部地区矿山采矿过程中，露天开采或是地下开采，疏干排水和废石淋溶水中含有大量的重金属和悬浮物，排入地表水和地下水后，造成有机物污染和重金属污染。另外，尾矿的露天堆放遇到雨天时排放大量废水，也容易使矿区周围的湖泊、河流受到污染变成"黑色死水"。而地下水的污染则较为隐蔽，往往难以及时观察、评估水体污染的危害范围和危害程度，对污染水体进行生态治理和恢复更为复杂、困难。伴随着开采深度提高，矿区地下水位下降，导致缺水地区增加，影响当地居民的正常生活。如云南很多天然尾矿所在区域为岩溶地下水补给区，常有岩溶洼地、漏斗、落水洞等特殊的地形地貌，厂方大多不需要投入很多资金就可建尾矿库。但其中隐藏的风险也非常大，可能会发生尾水渗漏或随尾矿逐渐堆高，致使压力不断增大，发生岩溶塌陷的可能性加大，引发地质生态灾害。

最后是矿区建设开发的过程，造成矿区生态地貌改变。矿区从建设到开采，必然占用和破坏土地，而且存在于矿山资源开发的各个环节：基建期阶段对土地的大规模碾压以及大量废弃固体物的堆放，造成矿区地貌形态和自然生态功能发生改变；在生产期阶段，由于"三废"的排放，对周围的水体、土壤、生态造成破坏；而在开采期阶段，容易引发塌陷、滑坡、泥石流等事故，导致地貌改观、损毁甚至危害作业人员安全。一些西部矿区如德兴铜矿、个旧锡矿、大厂锡矿等，在新中国成立前就开始开采，由于开采历史较长，没有及时开展矿区的生态恢复，导致矿区外部地貌、地形、植被改变很大，矿区生态治理和恢复工作被长期搁置。

3. 西部矿区地质灾害频发威胁生态安全

在西部地区，由于泥石流、崩塌、滑坡等矿山灾害每年都会出现，已经严重危害矿区安全。

一是采空区崩塌造成矿区地质灾害。在矿山井下作业开采中，矿柱会因为受到损害，导致支撑力下降，使得地面发生塌陷。在对矿体埋藏较深的矿区进行开采时，由于采空区没有及时回填，当开采深度和规模不断扩大时，势必发生大面积的崩塌。这种崩塌小则影响生产，大则造成矿区作业人员伤亡，引起直接、间接的经济效益损失。在西南喀斯特地貌最典型的地区，煤矿、黑色金属、有色金属、化工及核工业矿山最易发生岩溶塌陷。

二是矿坑地质灾害在矿区开采中普遍存在。我国西部地区很多矿区在开采过程中，由于缺乏准确的地质勘察数据支持以及先进的作业设备作为技术支撑，加上作业方式简单、粗糙，当矿井内岩土圈的地壳应力发生变化时，大量岩石碎裂涌入矿井，导致岩石的冰裂、爆散，最后演变成矿井和矿坑事故。这种开采也可能产生断层和错位运动，从而诱发地震，使矿工的生命安全直接受到威胁，甚至引发灾难性的矿难事故。

三是边坡岩土圈发生泥石流、滑坡等地质灾害在矿区开采中经常发生。由于露天矿区作业需要剥离大量的岩土，开采越过度，矿区的边坡倾斜角度加大，使边坡结构的稳定性被破坏，极易引发泥石流、滑坡等灾害，直接威胁着矿区职工、居民的生命财产安全，甚至危及整个矿区。

三、西部矿区传统矿业开发模式的弊端

矿业开发是人类最早、最主要的生产实践活动。矿业开发出的产品不仅具有使用价值的自然属性，还具有价值的社会属性，生产企业由此获得一定经济效益。矿产品由于处在国民经济的最前端，对周边地区社会经济发展的联动性和辐射性都非常强。矿山大多位于偏远的山区，交通不便、环境闭塞，但是通过开采矿山，可以带动当地基础设施建设，在改善农村的经济结构、逐步缩小城乡差别、扩大当地就业、促进区域物质文明等方面发挥了巨大作用。

在 21 世纪，传统矿业开发的弊端逐渐暴露出来，这种开发模式坚持以人类中心主义思想为主旨，将自然界看成是独立于人类之外在的存在，用主、客两分的世界观来区别人与自然，它对自然生态系统的价值取向是单向、唯利的，无法协调好人类进行资源开发、利用与生态环境保护的关系，不但对社会经济可持续发展造成不利影响，也对矿区及周边生态安全构成严重威胁。目前，西部矿业开发面临诸多的问题，从生态安全角度看，在传统矿业开发模式的主导下，西部地区已经进入了环境高风险期。

传统矿业开发模式采用简单、快捷、低成本的方式获得矿产资源。

开发者为了获得最大经济利益，多以低级、简单、粗暴的生产方式开采，其结果往往是以牺牲自然生态环境以换取经济效益，相当部分的开发成本被转移到生态环境的破坏上。而开发者尚未意识到这一问题的严重性，而当这种破坏危及人类主体自身时，往往已经被迫付出了沉重的社会经济发展成本和生态破坏的代价。

传统矿产业开采、利用模式导致资源利用率较低，资源浪费现象突出。因为缺乏及时、有效、有力的矿业开采监管，矿产企业普遍存在"采富弃贫""采易弃难"的问题，如绝大多数煤炭开采企业为了追求自身的经济效益，在开采的过程中采取"吃白菜心"式开采，宁愿造成国家资源的巨大浪费，也不愿意采用围挡分层开采的办法增加企业自身的开发成本，这种掠夺式开采方式导致整个矿区资源浪费惊人，无法实现复采，势必导致资源供求矛盾的日益尖锐。

传统矿产开采模式导致矿区生态恢复难、治理难现象突出。矿区生态恢复是一个漫长而复杂的系统工程，需要大量资金投入。一些矿区企业由于大量开采矿产资源，其中大部分利润上交给国家，没有预留生态恢复、治理资金。在我国矿产资源成本核算中，并没有把生态环境成本列入现行开发成本中，致使矿区生态环境历史欠账过多；由于沿袭传统矿业开发模式，一些曾为国家社会经济做出突出贡献的矿区企业面临着矿产资源枯竭的困境，不仅自身发展后劲不足，而且由于经济效益差、社会负担沉重，对已经遭到破坏的矿区生态环境难以实施生态治理与恢复工程。

西部地区在对传统矿业开发模式进行反思、总结的基础上，必须重新评价和审视人类自身的社会生产、生活行为，在未来西部地区矿业发展的道路上转变发展理念，摒弃传统工业开发模式，追求人与自然和谐共存，努力实现经济效益、生态效益和社会效益的统一协调。

第五节 西部地区生物多样性

一、西部地区生物多样性概述

《生物多样性公约》（1992）对生物多样性的定义是："所有来源的活的生物体中的变异性，这些来源包括陆地、海洋和其他水生生态系统及其所构成的生态综合体，包括物种多样性、遗传多样性和生态系统多样性三个层次。"① 丰富的物种资源是中国乃至世界农业生产、文化发展的重要物质基础。生物多样性的生态功能，主要是通过物种与物种之间、物种与环境之间的物质循环、能量流动、信息传递等相互作用、相互依存、相互制约的生态过程来实现②。

在衡量一个国家或地区生物多样性的丰富程度时，通常用物种总数、物种密度和特有种比例三个指标来体现。按照国际惯例，具有生物多样性丰富、特有物种多、特有植被类型的区域，往往被划为生物多样性保护的关键区域。我国据此确定了具有全球意义的 11 个陆地生物多样性保护关键区域，即横断山南段、岷山及横断山北段、新青藏交界处高原、西双版纳、湘黔川鄂边境山地、海南岛中南部山地、桂西南石灰岩山地、浙闽赣交接山地、秦岭山地、伊犁—天山西段山地、长白山山地，其中，除了海南岛中南部山地、浙闽赣交接山地、秦岭山地、长白

---

① 高东，何霞红：《生物多样性与生态系统稳定性研究进展》，《生态学杂志》，2010年第 12 期，第 2508 页。

② 王娟，杜凡，杨宇明等著：《中国云南澜沧江自然保护区科学考察研究》，北京：科学出版社，2010 年版，第 446 页。

山山地外，其他 7 个都位于西部地区，包含在 3 个关键湿地区域中的黄河三角洲、长江中下游湖区、长江口等，其源头都在西部地区。

二、西部地区生物多样性的特点

不论从地理区位、资源利用和开发的角度考量，还是从保护生物多样性对维持生态平衡和生态安全考虑，西部地区生物多样性保护的重要性不容置疑，因而受到中国政府和国际社会的高度重视。西部地区的生物多样性特点主要体现在如下方面：

西部地区生物物种非常丰富。广袤而独特、神秘的西部地区，地理、气候、生态条件复杂，生境类型丰富多样，不仅使其成为大江大河的发源地，也孕育了大面积的森林、草原、湿地，是我国乃至世界上重要的动物、植物、微生物分布区，成为动植物的王国。在全球 25 个生物多样性保护关键区域中，位于中国的有两个，分别是横断山脉地区和包括海南、西双版纳和广东、广西最南部在内的热带地区，中国生物多样性保护的关键区域主体位于西部省区。如云南省的种子植物就有 15000 多种，约占全国的一半；鸟类 760 种，占全国的 66%；兽类 248 种，占全国的 56%[1]。西双版纳是世界上生物多样性最丰富的地区之一，共有 3500 余种高等植物，700 余种高等动物和 1500 多种昆虫。[2] 西藏有野生植物 9600 多种，高等植物 6400 多种，有特殊用途的藏药材 300 多种，野生脊椎动物 798 种，浮游动物 760 多种，已有

---

[1] 郭辉军，龙春林主编：《云南的生物多样性》，昆明：云南科技出版社，1998 年版，第 10 页。

[2] 刁俊科，李菊，刘新有：《云南橡胶种植的经济社会贡献与生态损失估算》，《生态经济》，2016 年第 4 期，第 206 页。

125 种被列为国家重点保护野生动物①，昆虫类近 4000 种。

西部地区是我国特有种分布最多的地区，在全球具有不可替代性。我国生物物种分布的三大"特有现象中心"（鄂西—川东、川西—滇西北、桂西南—滇东南），绝大部分位于西部地区，如绿孔雀、金花茶、华盖木、金丝猴、藏羚羊、藏雪鸡、高山雪莲、冬虫夏草等，都是国内、国际重点保护物种。西藏有 855 种特有高等植物，196 种特有野生动物，占全国重点保护野生动物的 1/3 以上。有多种特殊的裂腹鱼类，其种类和数量均占世界裂腹鱼类的 90% 以上。在 488 种鸟类中，22 种为西藏所特有②。

西部地区生物物种具有稀缺性特点，但由于人为因素破坏，一些珍稀物种处境堪忧。西部地区特殊的地形地貌和复杂的气候条件，孕育了丰富的物种类型，但一些特有物种往往种群小、数量少、分布区域狭窄，对外界干扰非常敏感，在西部地区进行矿业开发、旅游开发、过度利用等人为因素的扰动下，致使很多特有物种的栖息地遭到破坏，种群数量明显下降，甚至处于濒临灭绝的危险境地。保护生物多样性，维护物种安全，是保障国家生态安全，促进全国经济的可持续发展和生态文明建设的重要任务。

三、西部地区生物物种安全现状

中国 1992 年 6 月加入《生物多样性公约》，并在国家林业局设立了《生物多样性公约》履约办公室，生物多样性保护力度逐步加大。开展

---

① 朱洪云，董海龙，芮亚培：《从西藏地方立法角度探讨西藏生物遗传资源保护》，《科技管理研究》，2011 年第 15 期，第 31 页。

② 西藏自治区环境保护厅：《2015 年西藏自治区环境状况公报》，《西藏日报（汉）》，2016 年 6 月 5 日。

生物多样性保护的主要途径，一是建立自然保护区和自然保护小区开展就地保护，这是最有效、投入成本最低的主要途径；二是通过建立动物园、植物园、野生动植物繁育中心及现代的种子库、基因库开展迁地保护或离体保护。我国政府除了启动自然保护建设、开展生物多样性保护研究外，近年实施的天然林保护工程、退耕还林还草工程、防护林体系建设工程等，都有力地促进了生物多样性的保护。国内外众多环保组织在促进西部生物多样性保护与社区发展方面，开展了很多有益的工作。

1. 西部地区的大量珍稀物种在我国的自然保护区中得到保护

在 2006 年至 2009 年间，中央投入 3.8452 亿元，在西部地区实施 55 个湿地保护工程项目。据《中国绿色时报》报道（2010），在 2000—2010 年西部大开发十年间，西部地区确认了 86 个国家重要湿地，批准了 22 个国家湿地公园试点，指定了 14 块国际重要湿地，35.5% 的西部湿地被纳入了保护体系①。这些举措，为保护湿地物种及其栖息地打下了基础。

据国家林业局 2011 年统计数据计算（内蒙古、广西未列入西部地区），位于西部省区的自然保护区面积占全国自然保护区总面积的 75%，其中 89% 的国家级自然保护区面积位于西部。林业部门在西部地区建立自然保护区 395 处，其中国家级自然保护区 10 处。新建自然保护区面积约占全国同期新建自然保护区的 86.72%。林业部门先后投入约 14 亿元用于西部地区国家级自然保护区基础设施建设，西部地区野生植物保护基本建设资金投入 2297 万元，占全国此类项目总投资的 60%。此外，国家财政每年安排 1000 万元专项资金将西部省份作为实

---

① 张一诺:《守望绿色，西部人与自然和谐发展》,《中国绿色时报》, 2010 年 1 月 19 日。

施重点之一，用于自然保护区资源监测、人员培训、保护区评审等；每年安排中央财政专项经费 200 余万元，用于西部地区野生植物资源保护①；自 2010 年起，西部地区多数国家级自然保护区已纳入国家重点生态公益林补助范围。2018 年，新疆、西藏、青海、甘肃、云南 5 省区 9 个国家级自然保护区宣布建立协作机制，明确了未来将在跨区域生态环境保护、跨区域信息共享等方面加快协作力度，完善协作机制，共同筑牢国家生态安全屏障。

2. 西部地区的物种保护受到国际、国内组织和机构的重点关注

西部地区丰富的生物物种资源及其面临的严重威胁，成为近 20 年来国内国际组织，如国际自然保护联盟（IUCN）、世界自然基金会（WWF）、美国大自然保护协会（TNC）、保护国际（CI）、绿色江河、阿拉善、云南绿色基金会等，开展生物多样性保护、协调社区发展的重要区域，这些组织在维护西部地区生物物种安全方面发挥了重要的作用。

早在 1995 年，在中国科学院植物研究所等单位和学者的支持下，云南保山市芒宽乡百花林村公所成立了中国第一个"云南高黎贡山农民生物多样性保护协会"，此后得到了美国麦克阿瑟基金会的资助，在西部地区先后支持或开展了多项生物物种保护活动。1998 年 6 月至2007 年 6 月，中国与荷兰合作的"森林保护与社区发展项目"在云南思茅、保山、怒江、德宏、大理、版纳实施，由荷兰政府无偿提供1440 万欧元，我国按 1∶1.27 配套，通过开展培训提高保护区周边社区群众保护生态意识；通过援助社区发展经济，提高生产生活水平，逐步减轻对森林的依赖，从而达到对云南热带、亚热带森林资源和生物物

---

① 计财司：《2016 年中国林业发展报告》，中国林业网，2016 年 12 月 9 日。

种保护的目的。

上述项目把参与式理论和方法引入工作中，强调关注保护区周边群众的生产、生活需求，重视当地民众的利益诉求，把社区发展与生态保护有机联系起来，这种接地气的、从根本上探索持续有效发展的保护措施，不仅受到当地民众的欢迎，也直接或间接地影响着政府的工作理念，促进政府部门在生物多样性保护项目的设计和管理举措进一步丰富和完善。

3. 西部地区快速的经济发展，使维护生物物种安全的难度进一步加大

西部地区生物多样性在当前城镇化建设、经济快速发展的过程中，由于受到全球气候改变、生态环境退化、环境污染、外来物种入侵、过度利用等诸多方面的影响，西部地区珍稀濒危物种的生存环境退化、岛屿化、片段化趋势加剧，本地物种不断消亡，种群数量减少，繁育能力下降，种质资源流失状况十分严重。在西部地区开展生物多样性保护的重要性和地方经济发展紧迫性之间的矛盾，如何立足于眼前利益与长远利益之间的协调，实现生态效益和经济效益之间平衡的问题也越来越突出。

如西部地区因丰富的水资源而成为水电开发的重要区域，而水电建设会淹没山谷、开山挖渠、村庄搬迁，不仅导致地貌破坏，也直接影响一些珍稀淡水鱼类生物的生长繁育，因而受到很多生态学家和环保人士的抵制。近年来，国际上出现了大型水电站建设破坏生态平衡、诱发地震的担忧和质疑，甚至在一些国家和地区出现了炸毁大坝的呼声。虽然这种观点目前尚缺乏有力的科学论证与分析，但水电开发建设对生物多样性的影响是肯定存在的。因此，涉及西部水电资源开发的项目审核一定要充分研究论证，以免因仓促拍板决策而导致不可逆的生态物种的

消失。

又如绿孔雀号称中国原生物种中的"百鸟之王"，曾经广泛分布于我国湖南、湖北、四川、广东、广西、云南等省区。在21世纪初期，绿孔雀的分布区域明显缩小，仅在滇西、滇中和滇南地区有少量分布。在2013—2014年间，科学家实地考察证实，在绿孔雀原分布的云南34个县市中仅有11个县市发现绿孔雀野外活动记录，其种群数量锐减到不足500只。云南省红河流域被称为绿孔雀"最后一块完整的栖息地"，由于当地小型水电站陆续修建，原始热带雨林大面积消失，河滩遭到人为破坏，使绿孔雀的栖息、觅食、繁育等一系列生活习性面临巨大挑战。专家预测，绿孔雀可能在10年内灭绝。

再如云南西双版纳地区是全国最大的橡胶种植基地，从20世纪四五十年代逐步实现规模化种植后，作为主要经济作物的橡胶种植在带动地区经济发展、增加农民收入、促进就业方面发挥了积极作用，社会效益和经济效益突出。近年来，种植橡胶的负面生态效益也引起了人们的担忧和关注。1988年，西双版纳的橡胶林面积为116万亩，2008年时激增到366.14万亩，2018年橡胶种植面积为452.96万亩，橡胶林的快速扩张致使热带原始雨林消失殆尽。西双版纳地区热带雨林群落高度在40米左右，植被分层清晰，形成了珍贵的生物多样性和物种基因库。在典型的热带雨林样地中，植物物种数为153～171种，而在橡胶园的植物种数尚不到70种，其中还包括紫茎泽兰、肿柄菊、白茅等大量入侵性杂草。其次，在广泛种植橡胶林后导致水土流失加剧，土壤肥力下降、土层变薄、土壤含水量和保水性能下降、水源涵养功能减弱，导致地区气候由湿热型向干热型演替。另外，由于橡胶林植物群落单一，动植物栖息环境遭到破坏，破坏了生物多样性和稳定性。研究表明，在热带雨林变为橡胶林后，西双版纳地区物种丰富度下降了60%。

必须意识到，生物多样性保护远远不是一些人口中轻描淡写的一片林子、几只鸟、几条鱼的小事，而是关系生态系统完整性的重大问题。毕竟，珍稀物种的灭绝是不可逆的，人类作为自然生态系统的成员之一，不能因为自身追逐经济利益的短视而拥有恣意抹杀其他物种生存的特权。在西部地区生物多样性保护工作中，坚持人与自然和谐共处、资源可持续利用的原则，积极借鉴国际上的有效经验，促进地区经济发展与生态文明建设同步并举，保护传统生态文化及生物多样性保护统筹协调，探索长效的、可持续的社区参与模式，提高国家资金使用效率，不断提高和巩固生物多样性保护的成效，将是一个长期而艰巨的任务。

4. 国家法治建设和生物多样性基础信息滞后，制约了西部地区物种保护

我国是世界范围内物种极为丰富的少数国家之一，由于对自然资源需求量激增、人为蓄意破坏等因素，生物多样性保护形势非常严峻。2015 年 11 月，世界自然基金会和中国国际环境与发展合作委员会共同发布的关于中国生物多样性状态与自然资源需求关系的研究报告中明确指出，中国业已"成为世界上生物多样性丧失最为严重的国家"[①]。西部地区作为我国生物多样性保护的重点区域，由于国家与地方立法层面滞后、生物多样性保护基础信息库构建缺失以及生物多样性保护力度和保护成效评价的欠缺，未能充分满足西部地区生物多样性保护的现实需求。主要存在如下几个方面的问题：

一是通过国家立法形式获得重点保护的动植物名录存在基础信息更新不及时，致使生物保护物种缺失、遗漏的问题比较突出。我国《国

---

① 刘磊，张青萍：《中国生物多样性面临严峻挑战》，《生态经济》，2016 年第 4 期，第 6 页。

家重点保护野生动物名录》是 1989 制定的（收录了 530 个物种），《国家重点保护野生植物名录》是 1999 年制定，二者至今均未得到更新。由于许多珍稀的、亟待保护的物种（如大部分兰科植物）未列入其中，从而使得一些无良之徒盗采兰花、破坏兰花栖息地的行为难以受到惩处。而在世界自然保护联盟（International Union for Conservation of Nature，IUCN）红色名录中收录的中国受威胁物种有 792 种（VU 以上等级），两者有 262 个物种重叠，也就意味着在国际上公认的 530 个分布在我国、已经受威胁的生物物种却不能得到我国的法律保护①，这其中有相当一部分分布在广袤的西部。

二是在 2018 年新修订的《中华人民共和国野生动物保护法》中，一个首要的问题就在于界定的保护对象是"指珍贵、濒危的陆生、水生野生动物和有重要生态、科学、社会价值的陆生野生动物"，这一保护范围明显过窄。其次，关于如何加大对野生动物的"合理利用"、"人工繁殖利用"的监管，避免给偷盗、捕猎提供借口，导致加速某些物种的濒危和灭绝，也带来了新的挑战。在经济发展相对滞后、民族习俗多样的西部地区，这一问题将会非常突出。2020 年 2 月 27 日，全国人大常委会出台《关于全面禁止非法野生动物交易、革除滥食野生动物陋习、切实保障人民群众生命健康安全的决定》，各地据此采取了一系列禁止"捕、养、售、运、食"野生动物的高压执法行动，但大量野生动物如野猪、麂子、果子狸、章鱼等不在法律监管范围内；捕猎饲养蝙蝠、鸦类、鼠类等疫情传播高风险物种也不能依法管控②。

---

① 李波主编：《中国环境发展报告》（2016—2017），北京：社会科学文献出版社，2017 年 4 月，第 232 页。

② 蔡诗巍，斐兆斌：《我国野生动物保护法修改之刍议，《湖北经济学院学报（人文社会科学版）》，2020 年 7 月（第 17 卷第 7 期）第 55 页。

三是对珍稀濒危生物物种跟踪监测不到位、保护措施不到位的问题突出。我国生物多样性保护起步较晚，生物物种监测难度大，目前，大量的科学研究以及公众关注多集中在如高黎贡山滇金丝猴、卧龙大熊猫等重点保护区少数"明星物种"的保护方面，而对其他大多数的珍稀濒危物种，由于公众知晓度不高，其分布、数量及其变化缺乏系统的跟踪、观察、监测档案。

四是在西部地区存在公众对生物多样性保护的重要性认知不到位、地方性立法滞后、相关部门宣传薄弱，以致保护举措不力的突出问题。2017年7月，科学考察人员在云南省宁蒗县和元谋县意外发现了云南梧桐两个种群，其中宁蒗县的种群约有千余株，元谋县种群则仅发现11株，均处于未成熟的果期。该事件确实令人喜忧参半，所喜在于云南梧桐是一度被认为野外灭绝近20年的国家重点保护野生植物，这次发现否定了该物种在云南省已经野外灭绝的前期判断；令人担忧的是，这两个云南梧桐的种群均分布于野外悬崖绝壁间的薄壤之上，直接暴露于人为干扰下，均未采取任何形式的就地保护措施。显然，当地政府、民众并没有意识到生物多样性保护的重要意义。云南梧桐曾经遍布山野河流，村民素来喜爱采集种子食用。最近数十年来越来越少，在人类放牧、采食、开荒以及气候变化等多重因素干扰下，目前仅有零星分布。因此，对濒临珍稀物种建立保护小区或保护点，采取紧急抢救性保护措施就显得非常必要。同时，应该及时推动地方立法程序，将该物种列入云南省极小种群野生植物名录中，以期在政府层面的高度重视、关注下，进一步带动、影响地方村民采取相应的保护举措。

西部地区作为我国生物多样性最为丰富的地区之一，是政府、国际组织、国内民间组织开展生物多样性保护工作的重点区域，也是世界生物学界的热点研究地区。近些年来，在西部地区生物多样性保护中取得了明显的成绩，使一部分珍稀濒危物种的种群数量增加，但是由于生物物种保护工作涉及河流管理、野生动物贸易、木材交易、社区发展、保护执法、科学研究、外来有害物种防控等诸多领域，尤其是当前我国动植物保护法律、生物物种基础信息的滞后，无疑制约了西部地区的生物多样性保护工作；西部地区滞后的经济水平、技术水平，相对保守的思想观念、生活习惯以及受到全球性的气候变化影响、外来生物物种入侵等问题，都会对西部地区大量分布范围狭窄、种群小的珍稀物种生存构成威胁。当前，西部地区的生物物种保护工作力度、进展、成效与生物物种灭绝、濒于灭绝的严峻形势相较，依然不容有任何懈怠。

第四章

我国西部地区生态安全评估的实证研究

生态安全评估是对一个国家或一定区域生态安全状况的评价，及时了解影响生态安全的相关风险，为生态安全战略的实施提供必要的前提和保障。与战争爆发、恐怖袭击事件等威胁传统公共安全问题的突发表现形态不同，生态安全问题具有长期性、滞后性、复杂性和潜在性等特点，生态安全问题一旦显现，其破坏力度非常大，不仅直接、间接造成一个国家或地区的人民生命、财产的损失，更严重的是对生态环境带来灾难性冲击和难以评估的生态破坏。实施生态安全战略的基础性工作就是建立生态安全评估体系。

在生态安全指标评价体系的建立过程中，应考虑多维度和多元化的评价体系。美国是最早开展生态环境质量评价工作的国家之一，使用了一系列相关质量指数、评估标准体系等对水质和大气质量进行监测、评价，使生态安全评价具有相应的比对数据，以便提供研究、分析的实证数据信息支撑。苏联也曾经建立了河流污染平衡模式，通过配合水质预报及优化控制的水质评价，以实现对水源质量的有效监控。可见，国外对生态安全的评价方式多以定量评价为主，而且主要是从生态学的单一学科领域进行研究。

目前，国内对生态安全进行评估的研究，相关成果还比较薄弱。一般说来，生态安全评估体系分为以下三个部分：首先是基础性研究，作为社会经济文化发展相对落后的西部地区，有着丰富的生态资源，但是生态环境又特别脆弱，在制定和实施可持续发展的战略中，西部地区生态环境状况与安全问题相结合，形成包括西部生态安全信息数字化、预测系统研究、评估方法研究在内的生态安全评估理论基础。其次是坚持长期研究，生态安全评估体系不是应急性研究，不是一劳永逸的，一般以 2~5 年时间为评估周期，建立动态的西部生态系统评估数据库。最后是建立监测监控体系。当前，我国已经进入到经济社会发展的新阶段，各个地区的生态安全状况处于动态变化和调整中，我们要立足西部地区战略开发蓝图、"一带一路"国家发展规划的高度，从生态安全入手，加强必要的统筹规划，促进生态预警、响应、应急体系不断趋于完善，实现生态安全监测监控体系的整合，为生态安全评估体系的建设提供更加有力的保障。

第一节　构建西部地区生态安全评估体系

当前，我国生态安全体系评价的建立主要从交叉学科中寻找评价、观测指标，从生物学、环境科学、经济学、社会学和管理学等多学科角度进行综合性的生态评价。从评价对象来说，可以特定地针对不同的生态资源，如大气、土地、河流、森林、草原、矿产等展开生态环境评价，也可以按不同省份地区进行区域性的生态环境状况评价，再确立分级指标，进行综合评价、对比研究。生态评价体系可从资源、经济、环境、治理等方面出发作为一级指标，在此基础上建立二级观测点及评估指标，如人均耕地面积、森林覆盖率、人均水资源占有量等，还要考虑水土流失面积、沙化土地总面积、废水废气排放量以及自然保护区建立数量、环境污染治理投入资金数量、工业废气废物综合利用量、矿区生态恢复使用资金等作为三级评估指标。综合考虑影响西部地区生态安全现状以及自然资源禀赋特点，在开发、利用自然资源时，必须考虑自然生态系统的承载力，促进经济社会可持续发展与维护生态安全的目标协调统一，以此建立西部生态环境评价指标体系。

　　生态安全评估体系的建立中，课题组注意到如下几个方面的问题：首先，指标体系的建立要尽量与西部各省区生态建设的总体发展规划相一致；其次，相关指标数据可获得性以及一系列监测数据在时间、空间上要能确保连续性、准确性，以便于进行分析、比对，掌握其发展、变化的动态趋向；再次，评估体系中各领域的次要性指标尽量精简，尽可能选用可数量化指标；最后，选取的生态评价指标应使社会公众易于理解、便于操作，并能够根据指标数据来判断生态安全现状，据此，以便针对生态安全评估状态实现在生态化生产、生活乃至消费方式的全面调整。

第二节　西部地区区域生态安全评估

1. 生态安全评价模型

1996 年，联合国经济合作开发署（Organization for Economic Cooper-ation and Development，OECD）建立的压力－状态－相应（Pressure－State－Response，PSR）模型最初应用在评估生态安全环境问题。除了PSR 模型以外，还有它的优化形式：驱动－压力－状态－响应（Driving force – Pressure – State – Response ，DPSR）模型更加强调人类行为是环境变化的主要原因。另外，还有欧洲环境署（European Environment A-gency，EFA）建立的驱动－压力－状态－影响－响应（Driving force – Pressure – State – Impact – Response，DPSIR）模型。

以 PSR 为基础的研究应用比较广泛，其中结合层次分析法（Ana-lytic Hierarchy Process，AHP）建立生态安全评价模型研究居多，这类研究以社会－经济－自然方向的考虑选择指标，或考虑资源、人文乃至政策层面上建立多层次的指标构架，并运用专家问卷调查以两两比对的方式建立指标权重与排序，计算生态安全综合指数，完成生态安全等级的划分。根据不同的 PSR 结合 AHP 的方法不仅应用于区域生态安全，还可以应用于城市规划与城市生态安全管理机制的健全；还有厘清农业发展过程中可能面临的威胁建立起来的农业生态不安全指数，以及应用于流域生态安全评估。

综合考虑人与自然生态系统各因素间的因果关系，能更准确地反映生态系统各因素之间的关系。PSR 模型中，压力指标表示造成生态环境问题的原因，状态指标用来衡量人类活动导致的自然环境状况变化；响应指标则表示人类社会对生态系统变化的响应。此类研究方法流程可描述为如下几个步骤：① 构建生态指标体系；② 对指标数据进行标准化；③ 对各个指标确定合理的权重；④ 计算研究区域的生态安全综合指数；⑤ 划分生态安全等级。PSR 结合 AHP 的方法建立于专家评价的基础上，对于生态安全的评价容易偏于主观，对于生态安全等级的划分也缺乏客观或具体的依据，因此，后续许多学者进行了优化方法的研究。如在层次分析法框架下，运用模糊德尔菲法建立生态安全等级的划分，并以生态安全评价值的变化斜率进行生态安全动态评价。

2. 生态安全评估指标体系

基于 PSR 模型，选取表征西部各省区生态安全的指标，保证选取指标的客观性、重要性、可信度，建立了生态安全评估指标体系，主要包括生态系统压力、生态安全状态和生态安全系统响应 3 个准则层（见表 4 - 1）。

表 4 - 1 西部各省区生态安全评估指标体系

目标层	准则层 A	因素层 B	指标层 X	指标反映意义
生态安全状态	生态系统安全压力 A1	人口压力 B1	人口数量（人）X1（-）	人口增长压力
			人口自然增长率（‰）X2（-）	人口增长趋势
			城市人口密度（人/km²）X3（-）	人口压力状况
		资源压力 B2	人均水资源量（m³/人）X4（+）	资源可供给性
			人均森林面积（hm²/人）X5（+）	生态功能恢复性
			人均耕地面积（hm²/人）X6（+）	资源可供给性
		环境压力 B3	单位 GDP 的电力消费量（千瓦时/万元）X7（-）	资源消耗压力
			单位 GDP 的水耗（立方米/万元）X8（-）	资源消耗压力
	生态系统安全状态 A2	农业生产状态 B4	有效灌溉耕地面积（千公顷）X9（+）	农业生产压力
			化肥施用量（万吨）X10（-）	农业生产压力
		工业生产状态 B5	一般工业固体废弃物产生量（万吨）X11（-）	工业生产压力
			废气中二氧化硫排放量（万吨）X12（-）	工业生产压力
			废气中氮氧化物排放量（万吨）X13（-）	工业生产压力
			地区废水排放总量（万吨）X14（-）	工业生产压力
			废气中烟（粉）尘排放量（万吨）X15（-）	工业生产压力
		城市生活状态 B6	城市生活垃圾无害化处理率（%）X16（+）	生活生态损害
			城市污水日处理能力（万立方米）X17（+）	生活生态损害
	生态安全系统响应 A3	环境响应 B7	治理水土流失面积（千公顷）X18（+）	环境保护
			自然保护区面积（万公顷）X19（+）	环境保护
			城市建成区绿地率（%）X20（+）	环境保护
			空气质量指数优良达标率（%）X21（+）	环境质量

续表

目标层	准则层 A	因素层 B	指标层 X	指标反映意义
生态安全状态	生态安全系统响应 A3	经济社会响应 B8	人均 GDP（元）X22（＋）	经济发展水平
			城镇居民人均可支配收入（元）X23（＋）	经济发展水平
			第三产业增加值占 GDP 比例比重（%）X24（＋）	产业结构状态
			城镇化率（%）X25（＋）	社会发展水平
		人文响应 B9	人均拥有公共图书馆藏量（册）X26（＋）	社会公共服务
			每十万人口高校在校大学生（人）X27（＋）	人口素质结构
			万人拥有公共交通车辆（标台）X28（＋）	社会公共服务

注：（＋）表示为正向指标，（－）表示为负向指标

　　在生态系统压力准则层，表现为人类经济发展和社会生活活动对生态环境形成的压力，由人口、资源和环境 3 个方面压力构成。人口压力选取西部各省区总人口数量（万人）、人口自然增长率（‰）、人口密度（人/km²）3 项指标；自然基础主要包括人均水资源（m³/人）、人均森林面积（公顷/人）、人均耕地面积（公顷/人）；环境压力下有两个指标层，万元 GDP 电耗（千瓦时/万元）、万元 GDP 水耗（立方米/万元）。

　　在生态安全系统安全状态准则层，主要确立了农业生产状态、工业生产状态和城市生活状态三个因素层，反映当前西部地区农业生产、工业生产和城市生活对生态系统的影响和压力状况。农业生产状态主要通过农业生产领域的有效灌溉耕地面积（千公顷）、单位化肥施用量（万吨）两个指标；工业生产压力主要选取来自工业生产领域的一般工业固体废弃物产生量（万吨）、废气中二氧化硫排放量（万吨）、废气中氮氧化物排放量（万吨）、地区废水排放总量（万吨）以及废气中烟尘排放量（万吨）五个指标进行观测；城市生活状态对生态系统的压力主要通过城市生活垃圾无害化处理率（%）和城市污水日处理能力（万立方米）两个指标进行观测。

在生态安全系统响应准则层，确立了环境响应、经济社会响应和人文响应三个因素层，生态响应是人类对生态状况的认知以及根据生态压力采取的应对举措，表现为政府加大国民生态认知的总体智力投资，改善公共生态服务方面的投入。环境响应下设治理水土流失面积（千公顷）、自然保护区面积（万公顷）、城市建成区绿地率（％）、空气质量指数优良达标率（％）四个指标层，其中治理水土流失面积体现了国土资源环境状况，自然保护区表明资源状况，城市建成区绿地率体现城市绿化宜居状况，空气质量指数优良达标率则体现城市空气环境的质量。

在人文响应因素层通过三个指标进行分析，主要是人均拥有公共图书馆藏量（册）、万人拥有公共交通车辆（标台）、每十万人口高校在校大学生（人），前两个指标体现社会公共服务状况，而每十万人口高校在校大学生（人）主要反映地区人口知识素质情况。

3. 权重的确定

①数据基础及来源

2012—2016 年《中国统计年鉴》，2012—2016 年西部 12 省区（市）发布的《国民经济和社会发展统计公报》，各省区环境保护厅发布的《环境状况公报》，各省区水利厅发布的《水资源公报》以及相应的公报、规划等作为基础数据资料。

②指标标准化

生态安全评价的指标可分为正向指标和负向指标，正向指标数值越大越好，负向指标则越小越好。它们性质不同，应分别采用不同的标准化公式处理，具体如下：

（1）正向指标标准化处理方法：

$$X = \frac{x_{ij} - \min\{x_j\}}{\max\{x_j\} - \min\{x_j\}}$$

（2）负向指标标准化处理方法：

$$X = \frac{\max\{x_j\} - x_{ij}}{\max\{x_j\} - \min\{x_j\}}$$

式中：$\max\{x_j\}$ 和 $\min\{x_j\}$ 为第 j 项指标中的最大和最小值，经标准化处理后形成了标准化值 X。

③权重的确定

指标权重表示评价指标之间的相对重要性，权重的多少直接影响到综合评价的结果，因此，合理对指标赋值对于生态风险评价具有重要的作用。一般而言，根据原始数据来源的不同，指标权重确定的方法分为主观赋权法和客观赋权法两类。主观赋权法主要是专家基于经验主观判断而获得，常用方法有古林法、德尔菲法、层次分析法等，这类方法对于研究早期还较为适用，但客观性较差。客观赋权法是依据评价对象的指标值和标准值运用统计方法计算而得，客观性较强，常用方法有熵值法、主成分分析法、离差法、均方差决策法等。本研究采用客观赋权法中的熵值法计算各个指标权重。

采用熵值法得到标准化的各个指标的信息熵，信息熵越小，信息的无序度越低，其蕴含信息的效用值越高，指标的权重自然就越大。

根据熵值法原理，第 j 项指标的信息熵：

$$e_j = -k \sum_{i=1}^{\infty} (Y_{ij} \ln Y_{ij})$$

第 j 项指标权重：

$$W_j = \frac{1 - e_j}{\sum_{j=1}^{m} e_j}$$

公式中：

$$Y_{ij} = \frac{X_{ij}}{\sum_{i=1}^{m} X_{ij}} k = \frac{1}{\ln m}; \sum_{j=1}^{n} W_j = 1, 0 \leq W_j \leq 1$$

经过计算，得到2011—2015年度各指标、各层级权重值如下表4-2

至表 4 – 6：

表 4 – 2 2011 年度各指标、各层级权重值

因素层	指标层	权重	因素层权重	准则层权重	目标层权重
人口压力 B1	X1	0.014	0.061	0.370	1.000
	X2	0.028			
	X3	0.019			
资源压力 B2	X4	0.190	0.272		
	X5	0.040			
	X6	0.042			
环境压力 B3	X7	0.023	0.037		
	X8	0.014			
农业生产状态 B4	X9	0.047	0.083	0.240	
	X10	0.036			
工业生产状态 B5	X11	0.016	0.106		
	X12	0.025			
	X13	0.027			
	X14	0.017			
	X15	0.021			
城市生活状态 B6	X16	0.012	0.051		
	X17	0.039			
环境响应 B7	X18	0.045	0.160	0.390	
	X19	0.082			
	X20	0.016			
	X21	0.017			
经济社会响应 B8	X22	0.035	0.135		
	X23	0.032			
	X24	0.053			
	X25	0.015			
人文响应 B9	X26	0.019	0.095		
	X27	0.047			
	X28	0.029			

表 4 – 3　2012 年度各指标、各层级权重值

因素层	指标层	权重	因素层权重	准则层权重	目标层权重
人口压力 B1	X1	0.014	0.061	0.360	
	X2	0.026			
	X3	0.021			
资源压力 B2	X4	0.181	0.265		
	X5	0.042			
	X6	0.042			
环境压力 B3	X7	0.021	0.034		
	X8	0.013			
农业生产状态 B4	X9	0.048	0.093	0.252	1.000
	X10	0.045			
工业生产状态 B5	X11	0.015	0.107		
	X12	0.026			
	X13	0.032			
	X14	0.019			
	X15	0.015			
城市生活状态 B6	X16	0.012	0.052		
	X17	0.040			
环境响应 B7	X18	0.045	0.161	0.388	
	X19	0.083			
	X20	0.022			
	X21	0.011			
环境响应 B8	X22	0.038	0.136		
	X23	0.040			
	X24	0.043			
	X25	0.015			
人文响应 B9	X26	0.017	0.091		
	X27	0.046			
	X28	0.028			

表4-4　2013年度各指标、各层级权重值

因素层	指标层	权重	因素层权重	准则层权重	目标层权重
人口压力 B1	X1	0.014	0.056	0.346	1.000
	X2	0.025			
	X3	0.017			
资源压力 B2	X4	0.184	0.265		
	X5	0.039			
	X6	0.042			
环境压力 B3	X7	0.013	0.025		
	X8	0.012			
农业生产状态 B4	X9	0.049	0.095	0.244	
	X10	0.046			
工业生产状态 B5	X11	0.019	0.103		
	X12	0.025			
	X13	0.030			
	X14	0.015			
城市生活状态 B6	X15	0.014	0.046		
	X16	0.012			
	X17	0.034			
环境响应 B7	X18	0.054	0.166	0.410	
	X19	0.082			
	X20	0.012			
环境响应 B8	X21	0.018	0.129		
	X22	0.042			
	X23	0.037			
	X24	0.035			
人文响应 B9	X25	0.015	0.115		
	X26	0.043			
	X27	0.040			
	X28	0.032			

表 4 - 5　2014 年度各指标、各层级权重值

因素层	指标层	权重	因素层权重	准则层权重	目标层权重
人口压力 B1	X1	0.014	0.051	0.329	1.000
	X2	0.022			
	X3	0.015			
资源压力 B2	X4	0.176	0.254		
	X5	0.038			
	X6	0.040			
环境压力 B3	X7	0.013	0.024		
	X8	0.011			
农业生产状态 B4	X9	0.047	0.095	0.243	
	X10	0.048			
	X11	0.014			
工业生产状态 B5	X12	0.032	0.097		
	X13	0.019			
	X14	0.014			
	X15	0.018			
城市生活状态 B6	X16	0.013	0.051		
	X17	0.038			
	X18	0.044			
环境响应 B7	X19	0.079	0.186	0.428	
	X20	0.031			
	X21	0.032			
环境响应 B8	X22	0.048	0.140		
	X23	0.039			
	X24	0.039			
	X25	0.014			
人文响应 B9	X26	0.037	0.102		
	X27	0.036			
	X28	0.029			

表 4 - 6 2015 年度各指标、各层级权重值

因素层	指标层	权重	因素层权重	准则层权重	目标层权重
人口压力 B1	X1	0.014	0.057	0.349	1.000
	X2	0.028			
	X3	0.015			
资源压力 B2	X4	0.18	0.264		
	X5	0.042			
	X6	0.042			
环境压力 B3	X7	0.016	0.028		
	X8	0.012			
农业生产状态 B4	X9	0.050	0.102	0.261	
	X10	0.053			
工业生产状态 B5	X11	0.011	0.107		
	X12	0.034			
	X13	0.022			
	X14	0.015			
	X15	0.025			
城市生活状态 B6	X16	0.014	0.052		
	X17	0.038			
环境响应 B7	X18	0.051	0.185	0.390	
	X19	0.083			
	X20	0.029			
	X21	0.022			
环境响应 B8	X22	0.035	0.113		
	X23	0.030			
	X24	0.033			
	X25	0.015			
人文响应 B9	X26	0.031	0.092		
	X27	0.032			
	X28	0.029			

4. 我国西部各省区（市）生态安全状态综合评估分级

采用综合指数法计算西部省区的生态安全指数，模型如下：

$$S_j = \sum_{i=1}^{m} (x_{ij} W_j)$$

S 值越大，则生态风险小，生态越安全。根据国内外相关文献研究结果，建立西部省区（市）的生态安全分级标准如表4-7：

表4-7 西部各省区（市）生态安全状态综合评估分级

综合分级	综合评估得分	分级评语
I级	0.8-1.00	生态环境基本未受到破坏或受到人类活动干扰较小，生态系统结构完整、服务功能良好，生态系统向稳定化方向演化，生态灾害少，安全程度很高
II级	0.60-0.79	生态压力较小，生态系统向不稳定化方向演化，生态系统结构基本完整、服务功能较好，生态环境受到轻微破坏或所受破坏一般可以治理、恢复，生态灾害不大，生态安全程度较高
III级	0.40-0.59	生态系统有一定压力，有不稳定趋势，生态系统结构遭到破坏、尚能维持生态服务功能，生态环境已经受到一定程度破坏，但是所受损坏能够得到一定程度的缓冲、恢复，生态灾害时有发生，生态环境安全程度中等
IV级	0.20-0.39	人类活动对生态环境压力较大，生态系统已经趋于不稳定，生态服务功能有退化趋势且不完整，自然环境条件较差，生态环境已经遭受较大破坏，且受到人类活动干扰后恢复困难，生态灾害较多，生态安全程度较低
V级	0-0.19	人类活动对生态环境形成的压力非常大，生态系统波动大，生态结构残缺，生态服务功能退化或丧失，自然环境非常差，生态系统受到极大破坏，生态恢复和治理难度极大，生态灾难问题突出，生态安全程度极差

5. 西部生态安全评估结果

在上述生态安全评价体系中，生态系统响应指标所占的比重是最大的，因此改变人类社会对生态安全状况的总体认知，逐步加大对生态安全系统的应对措施对于改善生态安全的作用是最大的。从各指标评价值来看，城市人口密度、有效灌溉耕地面积、人均水资源量、自然保护区面积对西部各省区生态安全的影响较大。在生态系统安全压力指标中，正向指标的评价值大于负向指标，说明人类对生态安全保护活动的正面影响大于人类对生态安全的负面影响。

表 4 – 8　西部各省区（市）2011—2015 年生态安全总评价值

地区	2011 年	2012 年	2013 年	2014 年	2015 年
内蒙古	0.4827	0.4961	0.5057	0.5042	0.5031
广西	0.3586	0.3617	0.3356	0.3476	0.3532
重庆	0.4216	0.4491	0.4185	0.4156	0.4337
四川	0.3645	0.3722	0.3577	0.3612	0.3758
贵州	0.3051	0.3083	0.3012	0.3035	0.3116
西藏	0.3439	0.3290	0.3306	0.3297	0.3395
云南	0.6135	0.5986	0.5733	0.6101	0.6351
陕西	0.3561	0.3516	0.3148	0.3109	0.3137
甘肃	0.2941	0.2973	0.2994	0.2803	0.2879
宁夏	0.3275	0.3363	0.3506	0.3455	0.3526
青海	0.2992	0.3085	0.3251	0.3223	0.3246
新疆	0.2943	0.3018	0.3101	0.2971	0.3090
年均值	0.371758	0.375875	0.36855	0.369	0.378317

课题研究构建了区域生态安全评级指标体系，对影响区域生态安全的相关因素进行分析，主要目的是为了评估生态安全状况、存在的风险源以及生态环境脆弱性，分析优势与不足，旨在为探索建构我国西部地区生态安全屏障的路径，为推进西部地区生态文明建设提供参考依据。

第三节 西部地区生态安全综合评价分析与启示

区域生态安全评估不仅对区域的自然—经济—社会协调发展具有重要的引导作用，也与国家和地区宏观发展的战略息息相关。生态安全评估的主要目标是促进区域发展空间实现均衡化，而生态空间优化、均衡的前提是通过识别地域生态功能的属性以确定其具体发展路径，真正实现生态服务功能。

1. 西部地区生态安全综合评价分析

西部地区生态安全与经济社会发展状况分析，依据西部地区生态安全评级研究状况，2011 年，西部各省区（市）生态安全平均值为0.371758，处于生态安全较低水平；2015 年各省区（市）生态安全评估均值为 0.378317，较 2011 年来说生态安全总评价值处于上升趋势。这说明随着西部各省区（市）生态保护政策相继落地，实施退耕还林还草、加大治理水土流失现象等举措取得一定的成效，整体生态安全状况有所改善，但上升幅度较小，仍然处于Ⅳ级，生态安全程度较低。其中，重庆、云南、宁夏等地 2011—2015 年生态安全评价值总体上呈上升趋势，甘肃、新疆、贵州三个省生态安全总评价值偏低，生态安全程度较差。

就西部地区生态安全系统压力来分析，以 2018 年为例，人口自然增长率始终维持在较高水平，新疆（11.40‰）、西藏（11.05‰）、青海（8.25‰）、广西（8.92‰）、贵州（7.10‰）、甘肃（6.02‰）等各省区均高于全国 5.32‰的平均水平。由于人口基数大，人口、资源、环境的压力约束趋紧的态势难以缓解，人口快速增长，人口聚集导致公共基础设施需求增大，西部地区承担着较大的生态压力。在相当长的一段时间里，西部地区城镇人口将依然保持向东部地区迁移、聚集的态势，因此，实现西部地区城镇人口的区域格局优化，是保护生态安全关键区域的有效举措。应根据城镇化路径，着手打造具有西部地区地域特色、民族特色、文化特色的生态小城镇，合理规划人口布局，通过高素质人才引进、回归的优惠政策，促使西部地区人口地域迁移由粗放式城镇化向注重技术转移、职业转移的内涵式城镇化转变，完善基础公共设施，吸引人口流动。

就自然资源禀赋方面看，2018 年全国森林覆盖率为 21.63%，西藏（11.98%）、宁夏（11.89%），甘肃（11.28%）仅达全国平均水平的一半，而以青海（5.63%）、新疆（4.24%）两个省区最少。再造一个山川秀美的西部地区本是构建美丽中国的重要篇章，就工业生产带来的生态安全压力来说，西部地区经济总量在 2011 年至 2015 年间增长较为迅速，处于产业结构转型阶段。由于发展过程中，长期存在生产结构不合理的问题，突出表现为偏重于重化工型、资源密集型产业，第三产业占 GDP 比重偏低，工业生产发展给生态环境污染带来的压力较大，突出表现为工业生产固体废弃物、单位 GDP 能耗、电耗、水耗较高。由于产业链短、能耗大、污染严重，导致区域经济可持续发展能力相对薄弱。西部地区要实现区域经济可持续发展目标，必须不断优化产业结构，减少传统资源密集型产业对生态环境的污染和自然资源的消耗，走绿色生态产业的发展道路，大力创新节能环保型产业，培植战略型新兴产业和清洁、低耗的先进生产制造业，探索循环型产业经济发展模式，以夯实生态文明建设的物质基础。

西部各省区（市）生态安全评价研究表明，西部各省区（市）生态安全评估值处于较低水平，由于各省区产业结构、资源禀赋、科学技术等方面存在的差异，省际差距较大；在 2011—2015 年期间，西部各省区（市）生态安全评估值呈逐步上升态势，生态系统抗人为扰动能力、自我修复能力提高，表明西部地区对生态安全状况的重视程度有所提升，总体趋势向好。各省区（市）在加快社会经济发展、推进生态文明、改善生态环境质量方面，尤其是降低生态脆弱性、促进生态系统功能趋向稳定方面的举措取得一定成效。由于受到复杂的自然环境地理条件以及水文气候条件的限制，西部地区生态环境脆弱性突出的特征并没有从根本上发生改变，不合理的人为扰动仍然是影响区域生态安全的重要因素。

2. 西部地区生态安全综合评价的启示

西部各省区（市）生态安全状况有所改善，毕竟生态治理和生态恢复实践是一项长期、艰苦的工作，西部地区生态安全现状距构建国家生态安全屏障的要求，尚存在一系列危及生态安全的制约因素，这与西部地区在全国生态安全战略格局中的重要性、特殊性要求并不吻合，存在较大的改进空间。西部地区必须进一步巩固生态保护和建设的成果，为国家生态安全格局、区域经济社会发展提供坚实的生态保障。

立足于西部地区重要的生态功能区位特征，针对资源禀赋的差异制定差异化发展策略。西部地区维护生态安全、改善生态脆弱性必须与教育扶贫、科技扶贫、医疗扶贫工作相结合，提升西部地区人口素质，强化务工技能和农业技术培训。不断加大生态治理和恢复投入力度，使生态安全风险逐渐降低，改善贫困地区的生态环境，促使贫困地区走上可持续发展道路，逐渐恢复稳定的生态环境。在逐步降低生态风险的同时，不断降低自然生态安全系统的脆弱性，保障区域自然生态系统功能稳定、经济安全和社会稳定，促进实现区域自然—社会—经济可持续发展。

　　各省区（市）的生态安全评估研究需要及时、准确、可获得性，但目前各省区（市）公开披露的数据完整性、客观性有待进一步评估。例如西北一些省区（市）森林覆盖率指标在《中国统计年鉴》与地方的年度经济社会发展公报上差距较大，而且个别省份数据呈现固定态势，不能及时、准确地反映森林覆盖率的变化；而位于西北地区的某省会城市，课题组走访过程中明显感觉到空气中充满异味，但是该省空气质量监测数据缺失，有关空气质量数据信息极难收集、查证；在各省区（市）社会经济发展公报方面，也呈现出选择性地各有侧重的倾向。对各省区（市）的生态安全评估工作不仅在数据的收集整理上存在相当的难度，另外，在课题调研过程中注意到，一些省区为了取得较为理想的监测数据可谓"不遗余力"，在一些监测点附近，常年设置"水炮车"巡回洒水，即便春节长假，依然在街面上忙碌。客观地说，此举确有防尘降噪、美化城市的功用，但同时也会掩盖一些实质性问题。

　　西部地区生态安全既是一个关系国家发展战略的重大课题，也是一个关系民生福祉的现实话题，部分西部省区（市）缺乏及时、准确、公开的信息披露，有所选择、有所侧重的数据披露现象本身就值得深入思考。我国政府应加快建立生态安全信息披露机制，明确规范信息披露主体、披露范围、披露信息标准以及披露信息审计制度，确保相关信息披露的真实性、准确性、全面性、时效性，减少信息不对称现状，一方面增强对相关企业生产必要的引导、约束和规范，另一方面也增强对公众行为的教育和引导，通过加强政府监管和市场机制促使高质量、高信度的生态安全信息披露机制的完善。

第五章

构建生态安全屏障，加强西部地区
生态文明建设的策略选择

第一节　坚持生态安全理念，夯实西部地区
生态文明建设的生态基础

为全面实施可持续发展战略，落实环境保护的基本国策，再造祖国秀美山川的宏伟目标，2000 年，国务院制定颁发了《全国生态环境保护纲要》，根据各个地区自然生态状况、水土资源承载能力、区位特征、环境容量、现有开发密度、经济结构特征、人口聚集状况、参与国际分工的程度等多种因素确定主体功能区，从全国协调发展的角度统筹规划国土空间的开发格局，该《纲要》从重要生态功能区、资源开发区和生态良好区三个方面阐述了我国生态环境保护工作的主要内容和要求。在此基础上，原国家环境保护总局提出了生态环境保护的"三区推进"战略，即在"重要生态功能保护区实施抢救性保护、资源开发区实施强制性保护和生态良好区实施积极性保护"①的相关配套政策。

---

① 韩永伟，高吉喜，刘成程著：《重要生态功能区及其生态服务研究》，北京：环境科学出版社，2012 年版，第 1 页。

2010 年 12 月，国务院下发《全国主体功能区规划》确定了优化开发区、重点开发区、限制开发区和相关政策配套，为各地区国土开发方式、开发方向和开发内容提供了依据。在全国生态安全战略格局中确立的"两屏三带"（即青藏高原生态屏障和黄土高原——川滇生态屏障和东北森林带、北方防沙带、南方丘陵山地带），主体均位于西部地区。根据提供开发主体为基准，分为不同的主体功能区；按开发内容分城市化地区、农产品主产区和重点生态功能区；按开发方式分优化开发、重点开发和限制开发、禁止开发区域。国家重点生态功能区由于生态环境脆弱或生态功能重要，环境承载力较低，其建设与保护已经成为改善生态环境质量，维护我国生态安全屏障的关键任务。根据生态环境敏感性、生态功能的重要性，并参考生态功能保护区划、功能区划成果，确定了 50 个重点生态功能保护区，总面积为 219 万 km^2[①]，而其中西部省区（市）有 23 个重点生态功能保护区，面积为 993000km^2，占全国重点生态功能保护区面积的 45.25%。

一、协调西部地区生态安全与社会经济发展的对策

西部地区的发展必须立足于国家发展的战略，西部地区以其独特的生态特征和优势，在构建我国乃至亚洲的生态屏障中有着不可替代的重要作用。构建国家生态安全屏障，关键在于确保各种重要生态功能区生态功能的稳定。

在西部地区经济社会发展过程中，由于无节制地、粗放型地使用各种自然资源，导致资源流失，甚至枯竭，生态环境受到破坏，引发了一系列生态安全的问题。如何协调西部生态安全和经济发展，特别是在

---

① 韩永伟，高吉喜，刘成程著：《重要生态功能区及其生态服务研究》，北京：环境科学出版社，2012 年版，第 29 页。

东、西部经济发展差距日益拉大的情况下，如何寻求经济发展与生态安全的双赢，是促进西部地区快速、协调、可持续发展迫切需要解决的问题。

二、强化以生态承载力作为协调生态安全和经济发展的前提

在伴随着人类经济社会发展出现一系列的生态问题中，人们慢慢地意识到应该理性控制人类活动，必须在自然生态系统可以承受的范围之内来开发利用资源，只有保持自然生态系统的完整性和整体性，才能实现人类的可持续发展，"生态承载力"一词由此而提出。这意味着对于人类而言，在一定的空间和区域内，可以开发利用的各种自然资源是有限的；而对于自然生态环境来说，人类在生产、生活的过程中所排放的各种废弃物，环境的容纳能力也是有限的，存在着一个最大的生态承载能力。一旦超过这个承载能力，势必引发生态安全问题，最终阻碍经济社会可持续发展。因此，必须强化以生态承载力作为协调生态安全和经济发展的前提。

西部各省区（市）在我国经济改革新时期既面临着全新的历史机遇，也面临着前所未有的严峻挑战，特殊的地理环境和丰富的资源要素交织在一起，应该把生态承载力作为统筹利用各种生态资源的重点考虑因素，强化以生态承载力作为协调生态安全和经济发展的前提，并且把它作为地区发展的硬性约束力，避免出现资源枯竭等区域性生态问题，才能够更好地规划西部地区的经济发展。

三、加快政府职能转变，促进生态安全和经济协调发展

当前，我国西部地区生态文明建设面临着如何更好地实现经济社会发展和解决好生态环境保护、治理问题的双重挑战，这与政府的职能认

知密切相关。作为一个经济后发国家，在经济起飞阶段和高速发展时期，政府主要职能的定位为推动经济发展。随着中国经济实力的提升，政府就面临着转变思路，对新时期的政府职能进行全面认识、重新定位的问题。必须摒弃片面注重 GDP 增长的传统政绩观，促进发展模式转型，尤其是政府生态治理职能和生态责任意识亟须强化。

行政手段是政府实现生态安全管理的直接手段，主要包括相关生态安全的规章制度制定以及各种处罚方式的实施等。具体来说，在政府制定了生态安全相关标准和管理制度后，主要由政府部门进行监督管理，要求涉及的相关企事业单位就各自的生产经营活动，必须经过申报、审批、检查等生态监管环节，通过生态安全监控的"门槛制度"以进行有效控制和监督；在获得审批通过之后，重在过程监管，对于相关单位违反规章制度的行为，政府可以依法采取行政处分、行政处罚等手段，如警告、通报批评、处以罚款、吊销营业执照、停业等，实现生态安全的事前、事中以及事后的全过程管理。

经济手段是政府实现生态安全管理的间接手段，主要是通过鼓励或限制某行业或产业发展的过程中，通过经济杠杆，比如提高或降低税率、利率、各项收费等手段进行间接调控。简单说来，如果某产业既能创造大量经济利益，在废弃物排放方面也符合生态安全相关标准，或者该产业对当地生态环境改善有帮助，那么政府就可以在放贷、税率等方面进行调整，以鼓励产业的发展。相反，对于危害生态安全的产业、高污染排放行业通过禁贷、重税等方式阻止其投产、建设。法律手段也是政府管理生态安全问题的有效方法之一，主要就是制定相关法律法规，以及通过安全执法更好地配合行政、经济等手段来协调经济发展和生态安全。

政府在生态安全行政管理方面，要加强制度建设，制定一系列政策和法律法规，强化生态管理措施和具体实施方法等，将行政手段、经济手段、法律手段等综合运用、多管齐下，不断完善社会治理、生态治理，逐渐向生态化政府治理模式转变，推进国家治理模式和治理体系的转型和提升。例如在西部地区一些地方发展的乡村生态旅游项目中，政府发挥着重要的引导、推介作用。发展乡村生态旅游的前提是必要的基础设施建设，需要政府进行全面、整体、科学的规划和引导，对旅游资源的开发和保护起到管理、监督作用。政府部门也可以通过积极有效的宣传、营销、扶持等手段，促进当地乡村生态旅游经济的发展，并通过相关法律法规的制定，保障在农民获利、促进当地经济发展的同时，使生态环境也得到有效保护。

另外，在政府职能转变、协调生态安全和经济发展中，强化社会事务管理和多元化主体参与以及多主体的共同责任，积极教育、引导公众参与生态建设，不仅是一条重要的途径，也是实现二者协调发展的坚实基础，群众参与的力量和影响不容低估。政府要通过综合运用各种行政职能和手段，增强政策、法规宣传，加强引导、培训和教育，引导和帮助群众提高生态安全意识，自觉树立生态文明观，积极参与到生态文明建设中来，并加大对非政府环保组织的管理和支持。通过上述举措，政府可以转移部分职能到社会、公众，集中力量做好在生态安全行政管理中的领导、决策和服务工作。

四、贯彻绿色生态发展理念，制定差异化的区域生态文明建设举措

工业化是实现现代化的必由之路，伴随着现代工业化进程的加快，为人类社会带来充裕的物质财富的同时，也给世界带来空前严峻的生态灾难，凸显出实现工业生产方式转型的历史必然性。我国西部地区要实现现代化，也离不开现代工业化的发展轨道。鉴于西部地区特殊而重要的生态区位特征，西部地区不能重复"先污染，后治理"的发展模式，必须探索出一条全新的生态经济发展的路径。

生态经济理念在保障满足当代人经济社会发展需求的同时，又能为子孙后代发展权益的实现预留必要的空间，是一种可持续发展的经济理念。具体来说，生态经济就是综合运用生态社会学、经济学原理以及系统工程方法，在生态系统承载能力范围内，实现在社会经济发展方式、生产方式、生活方式以及消费方式等全面生态化转型，充分发掘和利用一切可以利用的资源潜力，实现经济效益、社会效益、生态效益的有机统一，以适度、合理的经济活动推动生态环境建设。

1. 西部地区生态经济的发展定位

结合世界工业化的发展阶段而言，我国西部地区经济发展中工业发展仍然没有摆脱"资源——产品——污染排放"的粗放式发展方式。如果不彻底转变发展模式、改变生产方式，实现"资源——产品——再生资源"的闭环型物质流动模式，势必造成资源的极大消耗和环境的极大破坏，危及西部地区作为生态安全屏障的生态位势。西部地区特殊的生态区位决定了选择新的发展模式的历史必然性和现实紧迫性，这就是发展理念的生态化，从根本上改变传统注重追求 GDP 的发展观、增长观、政绩观。

西部地区的发展必须明确政治定位。西部地区的发展必须注重发展理念的生态化转型，坚持"生态优先"的理念，这是立足于国家发展战略、维护国家生态安全屏障的高度，紧密结合西部地区生态脆弱性突出的生态区位特征的必然选择。就总体来说，西部地区坚持"生态优先"的发展理念，可能意味着必须在当前"舍弃一些经济效益，会暂时影响部分人的物质丰足程度，但是如果舍弃生态效益，则会损害全民族的根本利益和长远的生存基础"①。

西部地区的发展必须有清晰的生态定位。可持续发展的理念可以从两个层面来理解：一是空间维度上的代内平等原则，它关乎当下人们所享有的、现实的平等发展权利；二是时间维度上的代际平等原则，它关乎人类后代子孙的、未来的发展需求与权利的实现。可持续发展要求必须兼顾当代人之间的横向公平与代际之间的纵向公平，横向公平的实现是指在任何一个国家或地区都拥有平等的发展权利，不能以任何理由无端阻止、损害其他国家或地区的发展权益。而基于社会经济发展水平、生态格局特征以及自然资源禀赋条件、人口素质等多方面因素的综合考量，不同的国家、不同的区域实现发展权利的具体路径和发展方式是多样化的。

西部地区的发展必须有深刻的历史定位。西部地区的发展一方面要充分考虑西部地区长期处于社会主义初级阶段的基本实情，工业基础的相对薄弱决定了西部地区无法超越工业文明发展阶段，直接跳跃进入生态文明阶段；另一方面，西部地区的发展要面对东、西部地区发展失衡带来的巨大差距，东部地区"先发展、后治理"种种负面效应逐渐凸显的前车之鉴必须高度重视，避免重蹈覆辙。由此，西部地区的发展应坚持生态优先、适度发展、均衡发展的原则，必须对东部地区发展的深刻教训进行历史性的反思。

我国西部地区问题的症结不在于该不该发展，也不是放弃发展，更不是重蹈牺牲生态环境、刻意追求 GDP 的扭曲发展道路，坚持"生态优先，适度发展"的理念是摒弃不合理的发展模式，坚持生态保护与社会经济发展同步，维护生态效益和追求经济效益同步，是一条资源节

---

① 刘湘荣等著：《我国生态文明发展战略研究》（上），北京：人民出版社，2013 年版，第 127 页。

约、环境友好的新型发展道路。

2. 西部地区生态经济的发展路径

就西部各省区（市）来说，应坚持改造传统产业与发展高新技术产业相结合，加快推进产业升级。在西部地区，传统产业在未来一段时间内，仍将是工业经济发展的主体。西部省区（市）具有资源富集的优势，资源禀赋型工业比重较大，但选择符合区域社会经济发展的实际情况以及资源禀赋特征的具体发展路径和方式，我国西部地区的发展必须坚持走"生态优先、适度发展、均衡发展"的新型发展道路。

如西藏作为中国乃至世界上生态环境最为脆弱的地区之一，促进其经济社会的发展是西藏人民一直希望实现的目标，也是整个国家发展战略中不可分割的重要部分。就具体发展战略层面来说，无论是采用资源开发型战略，还是基础建设型战略，二者都是针对西藏发展现实中亟待解决的重大方案，各有利弊。事关西藏经济社会发展的重大事宜，要求政府必须全方位理性权衡、审慎推进，把生态规律引入到经济社会发展活动中。无论选择何种开发战略，都必须全盘考虑可能会对当地的生态环境带来的冲击、影响以及生态安全问题，必须积极协调经济发展与生态安全之间的矛盾，避免做出失衡性选择。毕竟，无论是从生态区位的重要性来说，还是生态格局的脆弱性特征来说，西藏地区根本无法承担生态恶化、退化带来的国家安全战略成本。由于处于高寒地带，西藏地区的生产、生活耗能多，且由于海拔高，能源的转化率极低，仅为14.3%，加之脆弱的生态环境，使当地对排出的废气、废物自我净化能力极为有限。因此，在发展过程中，必须坚持循环经济的"3R"原则，投入高效能的生态技术、人才，实现生态资源利用的高效化、生态化，为西藏乃至全国生态安全屏障的构建以及生态环境的保护、修复实践创造更多的时间和空间，才能保证生态安全和良好的经济发展，促进西藏社会可持续发展。

对于占有资源优势的省份和地区，更应该强化以生态承载力作为协调生态安全和经济发展的前提。位于西部地区的内蒙古矿产资源总量多、分布广，煤炭资源煤层面积大、分布广，储量排名全国第二，达到了2317.1亿吨，在全区118.3万平方公里的范围内，已探明的含煤面积约为12万平方公里。能源产业的发展成为当地经济发展的重要动力，但是因为内蒙古煤炭资源丰富的大部分地区位于大陆性干旱、半干旱气候带，这些地区植被覆盖率非常低，水土流失严重以及土地荒漠化程度很高，生态环境相当脆弱。研究表明，在内蒙古煤区每开采一万吨煤，就有可能造成0.2公顷的农田或草原塌陷，这就要求在开发利用煤炭资源时，必须特别注重资源环境的承载力。目前主要产煤区位于本来生态环境就非常脆弱的内蒙古西部、晋陕内蒙交界区域，随着煤炭产业开发力度不断加大，已经造成当地地表植物大量死亡，地质灾害频繁发生。内蒙古地区富集的煤炭资源曾经为当地经济社会的发展提供了重要的支撑，理应为后代子孙的发展提供可靠的能源保证。但是由于生态安全认知的历史局限，导致煤炭资源大规模、无序地开发利用，已经对草原、土地、水资源生态环境造成破坏，生态安全、经济利益、社会可持续发展之间的一系列问题开始凸显。

因此，为了避免"资源优势陷阱"，西部省区的未来工业发展必须积极推进资源化产业向精细化、深加工的方向发展，发展高附加值的产品，促使资源向产业链长、资源利用率高、生态效益好的优强企业、特色企业发展。

3. 大力发展生态农业，推进区域特色化发展

西部地区农业现代化发展的特色道路意味着在脆弱的西部生态环境下，在农业生产领域中引入循环经济、生态经济是一条维护生态安全和

经济协调发展的道路。传统的农业生产从资源到农产品产出，其间产生了大量废弃物，导致环境污染和破坏。引入"3R"原则后，促使农业生产过程中产生的大量废弃物转化为新的、可利用的再生资源，在避免农业生态环境破坏的同时，大大降低了对自然生态系统资源环境的浪费和损耗。在实现"3R"原则的循环农业生产过程中，新能源、新技术的使用是非常关键的，西部地区要通过人才引进、政策法规的制定、完善和约束来实现这一目标。

西部地区的基本特征之一就是农业发展滞后，粗放型传统农业成为西部农业发展的主要特点。西部地区耕地总面积占全国耕地的 37% 左右，而且多为中、低产田，人均粮食产量只有全国平均水平的 81.5%，增产方式主要靠扩大种植面积和扩大放牧规模，或者是不断增加劳动力的投入。过度使用土地、草地等各种自然资源造成严重的水土流失等生态问题，而劳动力需求的增加导致人口增速加快，在有限的资源上承载了过强的开发力度，人地矛盾日益加深，生态安全受到影响。因此，在西部地区特色化发展道路中，特色农业和生态农业的发展是重要途径。

作为工业现代化比较落后的西部地区，发展特色农业能为西部地区创造更大的经济效益。特色效益农业最大的特点是具有鲜明的区域性，西部区域拥有特殊的自然、地理条件，便于培育出具有优良品质的农产品；通过再培育和深加工，能够在一定范围内形成较强的市场竞争力，成为推动当地农业经济发展的强大动力。西部地区多种生态资源的富集为发展生态产品、有机产品、反季节产品、彩色棉产品等特色产业提供重要的原料保障，使西部地区逐步成为大规模输出特色农牧产品的重要基地。例如在宁夏以枸杞、葡萄、苹果和红枣作为重点产业，已种植发展枸杞 4.13 万公顷、葡萄 2.93 万公顷，还有苹果 4.73 万公顷、红枣 5.47 万公顷，形成了四大特色林业的规模化、产业化，另外，百万亩

"葡萄产业文化长廊"在贺兰山东麓已全面启动。特色农业的发展不仅是农民增收、扩大就业的重要渠道，也成为区域经济发展的支柱产业。

发展生态农业也是西部地区推进区域特色化发展的有效途径。生态农业是在生态环境不受破坏，保证生态安全的前提下，创造符合人们所需的安全农产品生产模式，是促使人与自然和谐有序、共荣共生，实现可持续发展目标的思路。1995年，原国家环保总局批准全国第一个生态示范区建设，生态农业是示范区建设的核心内容，截至2016年，全国已经建成生态农业示范点两千多个。示范区建设是可持续发展理念的集中体现，经过多年建设，已经培育了一批优质高效、特色鲜明的生态农业示范地，在带动了当地农业发展的同时，也使农民实现了增收致富、提升生活水准的目标。

促进西部地区生态农业的发展，在农业经济发展的过程中加强生态环境的保护，实现经济效益、生态效益的双赢。发展生态农业重点在于农业科技、人才的投入。比如贵州金沙县山地生态农业典型模式就是最好的案例，当地首先通过提升改进劳动工具，在耕种、插秧、收割时使用山地农用机械配套系统，以降低劳动力成本，提高效率；采用生态循环农业模式，种植优质的油菜。在收获榨油后，将全部油菜秸秆还田堆肥，在实现无害化处理后，继而种植优质水稻，无论是秧苗的培育、植株距离，都在反复的实验基础上，精确计算水稻株距、行距、穴距，以确保作物生长过程中获得最充分的阳光、水分、土壤肥力，达到最佳的作物收益。同时，在水稻田中饲养鸭禽，并对农产品进行深加工，培育具有较高市场美誉度的生态食品品牌。由于整个耕作过程使用秸秆还田的有机肥，保证食品源头安全，通过科学耕种以降低成本，提高农产品的品质，同时用特色品牌提高农产品价格，农户收入得到提高。在农业生产过程中产生的垃圾、废物实现了无害循环、再利用，从而使生态环境得到保护。从贵州金沙县生态农业发展的实践中，我们可以看到西部农业特色发展道路具有良好的市场前景，是一条生态效益、经济效益、社会效益协调发展的道路。

4. 发展生态旅游，培育西部地区发展的新兴支柱产业

在 1983 年，国际自然保护联盟首次提出了"生态旅游"（ecotourism）一词。1990 年，国际生态旅游协会认为，生态旅游指的就是在一定自然区域内，保护环境并提高当地居民福利的一种旅游活动。生态旅游是一种负责任的旅游行为，让人们在一定自然地域内欣赏、享受丰富多样的自然、人文景观时，更强调对当地生态环境的保护意识，降低旅游行为中带来的各种负面影响，不能对区域内的自然景观、生态环境造成干扰。

西部地区气候类型多样、地形地貌特征复杂，历史文化悠久璀璨，众多的少数民族各具浓郁独特的民族风情，丰富多彩的自然景观和人文景观成为西部地区极具吸引力的旅游资源。这里有我国最大的保护区"三江源自然保护区"，空旷辽阔的沙漠戈壁，鬼斧神工的丹霞地貌，莽莽苍苍的鲁朗高寒山区林海，青海、甘肃、四川的高原草场，绿荫蔽日的热带原始森林……丰富的旅游资源优势为促进西部经济发展提供了强劲动力。西部地区拥有 7 项世界遗产名录、6 处世界生物保护圈、42 处国家重点风景区、31 座历史文化名城、13 处国家旅游胜地，通过生态旅游市场的开发，能够更好地推动西部地区第三产业的迅速发展，成为西部大多数省份的支柱产业。以草原生态旅游为例，西部地区拥有丰富的草原生物、特色游牧文化和神秘民族风情为一体的草原资源，已日益成为人们向往的消夏避暑、休闲胜地。西部地区大部分 A 级生态旅游景区，在为游客提供独特的草原生态旅游资源的同时，也为当地创造了大量的经济财富。

需要注意的是，生态旅游不仅指人类试图回归大自然的观赏、探索和旅行行程，还包括维护自然生态系统稳定、促进生态功能协调的重要内容。不管是生态旅游的开发者还是参与者，都应该是生态环境的保护者，真正做到留给自己的，是对大自然的美好记忆；留给自然生态的，除了来访者的足印之外，了无痕迹。发展草原生态旅游时，必须重视保护草地生态系统的完整性，保证当地生态安全。比如在水源涵养功能区，要重点控制好草地利用程度，主要结合草原文化和少数民族文化开展草原生态体验旅游项目，同时加强在草地生态资源开发中的草地保育工程的监管，确保这些区域的水源涵养生态功能。在防风固沙功能区，需要进一步加大人工育草、种草的力度，建立多方式相结合的防风沙体系，开展适度的草原观光旅游项目，在自然生态条件允许的情况下，适度增加一些消暑度假旅游项目。

西部地区丰富的生态旅游资源不仅是大自然特别馈赠的景观盛宴，也是促进区域经济走特色化产业发展的正确选择，因而，值得我们倍加珍爱、倍加呵护。只有在促进生态旅游发展和自然生态保护双重功能全面实现时，才真正体现出生态旅游的科学意义。

5. 发展生态矿业，维护矿区生态安全

人类的生产、生活离不开矿产资源的开发和利用，西部地区矿产资源潜力大，是国家未来矿产品供应的主要矿产资源基地。由于人类活动的扰动，我国西部地区自然环境十分脆弱，生态环境的自我修复能力不强。矿业开采一旦造成生态环境破坏，绝大多数矿山难以依赖自然来实现矿区生态的自我修复。因此，围绕生态文明建设，坚持走生态矿业发展道路，带动我国西部地区在地质勘探、矿山建设、生产冶炼方面逐渐向循环经济转型成为必然选择。西部地区矿产资源的发展空间大，是中国未来工业品供应的主要矿产资源基地，实现可持续发展的唯一选择就是实施绿色发展、绿色矿山、绿色矿业①。生态矿业如清新之风，在西部地区已经涌现出一批成功的优美矿城、美丽矿区、生态矿区。

生态矿业是在深刻反省传统矿业开发模式的基础上，人们逐步摸索到一条矿业可持续发展道路。生态矿业就是在环境承载范围之内，依托高新技术，进行矿产资源的合理开发和利用，以资源节约、清洁生产、循环利用为特征，不把企业发展目标单一化地定位于规模的扩大和效益的增长，而是通过设计、延长矿产资源产业链，实现矿业资源合理开发、生态环境有效保护、经济效益最终提高的循环型矿业生产模式。实现资源循环利用，发展循环经济是解决我国矿产资源短缺和资源浪费问题突出的重要途径，这既是实现可持续发展目标的现实选择，也是提高西部地区矿山企业经济效益、促进经济增长方式转变的有效途径。

维护西部地区生态矿业安全，必须实现资源循环利用，实现矿山废弃物的资源化利用。随着中国加工制造业的加快发展，对有色金属需求量快速增加。我国有色金属产量的增加以往主要沿袭不断扩大采、选、冶规模，导致污染排放物总量上升，毒性大的废气、废渣、污水治理困难，固体废弃物利用率低下。应该看到，尾矿石堆存量具有较高的资源后续开发价值，其中含有大量的金属和有用矿物。据统计，在云南锡业公司各矿山选厂的二十多个尾矿库中堆存 2 亿多吨尾矿，这些尾矿中含锡金属二十多万吨，伴生铅两百多万吨、铁三千多万吨，这些尾矿中的锡资源极为可观，相当于云南省锡矿保有量储量的四分之一。号称"镍都"的甘肃省金昌市是典型的资源型工矿城市，在实践中探索出一条独特的"金昌模式"，主要通过全面提速循环经济项目建设，提升废渣、粉煤灰、炉渣的综合利用率，大大激活了矿产资源综合利用的各种

---

① 张文驹主编：《中国矿产资源与可持续发展》，北京：科学出版社，2007 年版，第 114 页。

力量。未来西部地区矿业发展应以高科技为支撑，变废为宝，促进尾矿废石资源的再利用，加大对资源再利用的技术探索与创新的扶持、资助力度，以推动专业技术升级，产业结构调整。

在维护西部地区生态矿业安全的同时，要大力发展清洁能源，培育新的区域经济增长点。我国是一个风能资源十分丰富的国家，可利用的风能资源大致分为两大风带，一个主要集中在沿海风带，有效风能密度高于200瓦/平方米，有效风力出现的百分率达80%～90%；另一个风能资源丰富的区域是新疆、甘肃及内蒙古一线的北部风带，有效风能密度为200～3000瓦/平方米，有效风力出现的百分率为70%左右。由于西部地区风能资源丰富，将有力支撑我国风电产业的快速发展。在我国西部地区，如青藏高原、宁夏北部、甘肃北部、新疆南部、宁夏南部、甘肃中部、青海东部和西藏东南部等地都属于我国太阳能资源丰富的一类地区，全年辐射量在6700～8370MJ/m^2；而新疆北部、陕西北部、甘肃东南部则属于太阳能较为丰富的二类地区，日辐射量为5400～6700MJ/m^2。[①] 西部地区太阳能资源丰富，开发利用的潜力巨大。

维护西部地区生态矿业安全，不断发掘矿业资源开发的人文积淀，积极打造矿区特色旅游。矿业资源开采曾经为地区经济发展注入无限的生机与活力，但也面临着资源枯竭后的发展后劲乏力问题。而在素有"千年盐都"之称的四川自贡、云南大姚等地积极打造出了别具特色的矿业文化旅游专线。在古代井盐生产遗迹、古法开采盐矿等观光处，通过真实可感的实物陈列，向人们展示了其中蕴含着的深厚历史积淀，凝聚着古代先民的智慧与汗水，无声地诉说着千年盐都曾经的繁华与历史的沧桑。独具特色的矿区生态人文旅游，使古老的盐都焕发出新的魅力

---

① 《我国太阳能资源分布概述》，索比太阳能光伏网，2014年7月24日。

与光彩，吸引着海内外的无数游客慕名前来，成为带动西部地区地方经济发展的又一个新亮点。

　　维护西部地区矿区生态安全，积极利用政策制定和经济导向，变资源优势为经济优势，走可持续发展道路。陕西省严格进行矿业整治，重拳出击，加大治理矿业环境的力度，生态矿业开发逐渐成为发展主流。相关部门意识到过去野蛮式开发、破坏式开发的危害性，从简单、粗暴的任性开采到规范开采的建章立制，实现人与自然的共赢。政府出台倾斜支持措施，采取补贴或税收优惠措施政策，奖励从事资源循环利用、综合利用和注重生态保护的企业。践行"生态优先、保护先行、适度发展"的策略，在保护中促进发展、在发展中实施保护，推进绿色GDP 评价体系构建，以逐步缩小中西部差距，促进我国区域生态文明建设。

第二节　构建生态安全屏障，加强西部地区生态文明建设法制创新

　　生态安全是一个相当宽泛、复杂的课题，涉及国家、社会生产和生活的各个领域，因而通过制定规范化、体系化的法律，以实现多角度、多层次的调整，以更好地构建生态安全的保障机制，重点是要限制或消除那些引起生态系统退化的各种扰动因子，充分利用生态系统的自我恢复功能和社会补偿的方式，达到保护和改善生态环境的目的。

　　生态安全领域的立法包括自然保护、环境污染防治、自然资源利用等方面，主要有三个方面：其一，人类环境安全，即人的生存权、生命权、健康权、发展权等基本权利免受生态破坏和环境污染的威胁；其

二，自然环境安全，以整个生物界（包括人类、其他动物、植物和微生物）为中心，连同围绕生物界，并构成生物生存的必要条件的外部空间和无生命物质（如大气、水、土壤及阳光等其他无生命物质等）的安全；其三，国家和外交安全，即由人类环境安全和自然环境安全带来的国家政治经济安全，以及由于自然资源开发利用、跨国际生态环境安全问题导致的国际交往关系的安全。

虽然人类对生态安全的认识早已有之，但在世界范围内仅有少数国家以立法的形式进行生态安全保护。最早载有自然保护条文的法律文件可追溯到11世纪的"俄罗斯法典"，而瑞士联邦在1874年5月29日公布的宪法，则在世界上首次明确将生态环境与自然资源保护的内容规定写入宪法。随着西方国家工业革命的完成，人类社会工业生产能力得到前所未有的提升和释放，但也造成了大量的污染和众多危及生态安全的事件。为此，经过多年努力，英国、美国、日本等发达国家先后针对水体、土壤、森林等制定了系列保护性法律，并逐渐建立了保护自然环境和自然资源的法规体系。

20世纪初，随着各国环境污染的恶化以及跨国污染日渐严重，环境保护成为国际社会普遍关注的焦点，各国纷纷采取多种立法形式加强环境保护，其立法内容主要包括公约、双边或多边条约、国际会议与国际组织的重要宣言、决议、大纲与国际习惯法、重要的国际环境标准、准则、建议等。1972年，联合国斯德哥尔摩人类环境会议召开，促进了传统的自然保护与环境污染防治的交叉融合，推动了生态保护领域的立法，会议通过的《联合国人类环境宣言》是保护环境方面权利义务的总宣言。1982年，各国在肯尼亚首都内罗毕签订《内罗毕宣言》，在《联合国人类环境宣言》的基础上，提出了建立新的国际经济秩序，包括综合治理、将市场机制与计划机制结合起来，以及对殖民主义、种族隔离、解决越界污染、促进技术和资源更合理分配、加强环境教育等十项共同原则。特别重要的是，在 1992 年 6 月，一百多个国家元首和政府首脑参加联合国环境与发展大会，审议、通过了《里约环境与发展宣言》《21 世纪议程》等重要文件，并签署了《生物多样性公约》和《联合国气候变化框架公约》，以此"敦促各国政府和公众采取积极措施协调合作，防止环境污染和生态恶化"，这具有十分重要的里程碑意义。

除此之外，国际上还制定了一系列的公约，如有关于防治大气污染的《长程越界大气污染公约》《保护臭氧层维也纳公约》《关于消耗臭氧层物质的蒙特利尔议定书》；关于海洋污染的《联合国海洋法公约》《防止因倾弃废物及其他物质污染海洋公约》《防止船舶污染海洋公约》《国际防止海洋油污染公约》；有关于生物保护的《联合国生物多样性公约》《湿地公约》《濒危野生动植物国际贸易公约》等；有关于核利用的《禁止核武器试验条约》《不扩散核武器条约》《核材质实质保护公约》《核事故或辐射紧急情况援助公约》；有关于南极保护的《南极条约》《养护南极海洋生物资源公约》《南极条约环境保护议定书》等。

所以，从全球视野来看，越来越多的国家和地区对生态安全的认识逐渐深入，意识到生态安全也是国家安全乃至世界安全的重要组成部分，纷纷采用生态立法的形式来促进生态安全的保护。构建生态安全屏障，业已成为不可阻挡的世界潮流和发展趋势。

一、西部地区生态安全立法现状

我国西部地区幅员辽阔，资源丰富，在中国 11 个陆地生物多样性关键区中有 7 个位于西部；长江、黄河、珠江、澜沧江等重要江河也发源于西部，西部是我国的生态屏障，西部生态安全保护在国家整体发展战略中具有十分重要的战略地位。但是，由于历史、自然和社会多种因素交互作用，目前西部的生态安全环境亟待改善，由于森林资源的面积减少、质量下降，草原退化和荒漠化，湿地丧失、水资源枯竭，物种濒危或灭绝，环境污染加重等等，加强西部地区生态安全立法就有着十分重要的现实意义和紧迫性。随着我国法制建设的不断推进，生态安全保护意识的不断增强，在2001年《防沙治沙法》中首次将"生态安全"作为立法目的提出。

近年来，我国逐渐加大包括西部地区在内的生态安全的立法力度，在生态安全保护立法方面已由传统的文件规范形式逐渐变成中央与地方相结合的一元两级多层立法体制，一元是指国家层面立法，两级指的是国家层面和地方层面的两级立法规定，多层次是指国家、省（市、区）和民族自治州、县等多层面立法形成的生态安全法律体系。国家层面立法主要通过《宪法》的有关规定和专门法的立法来实现生态安全的立法保护，西部地区与全国其他地区一样都要遵守这些国家层面的法律要求。西部地区地方性立法是按照国家有关法律规定，分别由西部省（市、区）及民族自治州、县等所制定的在本地区施行的生态安全保护的地方性法律，是对国家层面的立法的重要补充。

1. 宪法是国家的根本大法，是生态安全立法的基石

我国宪法对于生态安全保障的规定是从环境保护和资源利用两个角度确立的，一方面，从宪法层面确定了环境保护是国家的基本职责和总政策，如《中华人民共和国宪法》第26条规定了国家和政府在此方面的职责；另一方面，强调对自然资源和环境要素的严格保护和合理利用，如《中华人民共和国宪法》第9条规定了国家、组织和个人的责任；此外，第51条规定了公民在行使个人权利和自由时，不得损害国家、社会、集体和他人的利益。这一规定强调了公民的责任和义务，限

制个人滥用权利而造成环境污染和生态破坏。

针对包括西部地区等在内的具体情况，自 20 世纪 80 年代以来，我国相继制定了海洋、水、气、声、渣等针对特定的环境保护对象而制定的专门的生态环境保护法律，大体上分为两类：一类是以污染防治和公害控制为内容的单行法规，如《中华人民共和国环境噪声污染防治法》《中华人民共和国海洋环境保护法》《中华人民共和国大气污染防治法》和《中华人民共和国水污染防治法》等。另一类是以管理自然资源和环境保护为内容的单行法规，如《中华人民共和国矿产资源法》等。除此之外，还包括森林资源保护法、海洋资源保护法、渔业资源保护法、草原资源保护法等法律法规。

针对严重的环境污染，我国 1989 年制定《中华人民共和国环境保护法》（以下简称《环境保护法》），2014 年 4 月修订后施行，这一法律被认为是我国环境保护法体系中的基本法。在这部法律中多次提到"生态"一词，在保护和改善环境一章中明确了生态安全保护的相关规定，对划定生态红线、保护自然生态区域、保护生态安全以及重视农业生态保护等方面都有相应的要求。《环境保护法》第五条规定了环境保护的原则，这表明我国生态环境立法已从单纯的污染防治转为保护优先、结合污染防治的保护机制。国家于 2002 年出台《中华人民共和国清洁生产法》，鼓励企业开展清洁生产，以从源头上控制污染。此外，《中华人民共和国循环经济促进法》在总则中第十条规定了国家的相关责任。

2. 西部地区地方性生态安全立法现状

按照我国《立法法》和《地方各级人民代表大会和地方各级人民政府组织法》的有关规定，我国西部地区省（区）、州和民族自治县等地方层面也制定了许多法规保护生态安全。如云南省从 1992 年以来，制定了与生态环境保护相关的地方性法规近 30 部，政府规章二十余项，近 20 个政府规范性文件，还有一些民族自治地方单行条例，如《云南省西双版纳傣族自治州天然橡胶管理条例》《云南省大理白族自治州洱海保护管理条例》等。

归结起来，西部各省、区为保护生态安全制定的地方性法规和规章分为两大类：一是实施性地方立法，即为实施国家立法而制定的本地区的实施条例或办法，如《云南省〈中华人民共和国大气污染防治法〉实施办法》等。二是创制性地方立法，即针对本地区生态安全实际而制定的具有创新性、针对性的地方立法，如《云南省森林条例》《内蒙古自治区环境保护条例》《甘肃省草原条例》等。创制性地方立法虽适用范围有限，但由于针对性强、可操作性强，如《新疆维吾尔自治区塔里木河水资源管理条例》《甘肃省湿地保护管理条例》等等，对相关领域的生态安全保护起到了积极的法律保障作用。

总的来看，我国在西部地区生态安全立法方面已取得历史性的进步，形成了一元两级多层次的立法体制，初步构建西部地区生态屏障的法律保护基础。

二、西部地区生态安全立法存在的主要问题

我国西部地区生态安全立法虽较以往有了很大的进步，但与严峻的生态安全现状相比，还远远不能适应维护和保障西部生态安全的迫切要求。总的来看，西部地区生态安全立法存在如下主要问题：

1. 西部地区地方立法的可操作性较差

西部地区生态安全立法往往强调要以上位法为依据，因而所制定的地方法律法规就出现重复国家的相关法律条文，或使用政策性语言来表述，甚至是国家层面法律的简单翻版，没有充分反映本地区生态安全保

护的特殊情况和特定要求。实际上，由于西部地区经济发展水平、自然条件等方面相差较大，若不能从实际出发来制定相应的生态安全法律法规，必然导致生态安全立法的有效性、针对性大打折扣。另外，由于受到立法观念、技术水平等方面的制约和影响，一些西部地区的生态安全立法难以实施，如《云南省环境保护条例》多为原则性、框架性的条文规制表述，缺少操作性强的相应明确规定，因而导致在司法实践中实施难度加大，削弱了立法应有的效力，未能达到应有的立法目的。诸如此类现象在西部生态安全立法中还很普遍，若不能及时予以调整，将会使所要建构的生态安全法律保护屏障的作用难以充分地发挥。

2. 西部地区地方立法体系还有待进一步完善

按照国家《立法法》的有关规定，省（市、区）和自治州、县可制定除必须由国家法律规定的事项外的地方所需的地方性法规。西部地区幅员辽阔、资源丰富，但在环境监测、生物安全、遗传资源保护等方面由于开发建设等因素导致问题较多，而国家对于这些领域的立法尚显空白或较为薄弱，在稀有矿藏的开发以及重金属、持久性有机污染物的治理等方面，相应的法律或行政法规较少。这固然反映出西部地区近年来经济社会发展日益加快而法律固有的滞后性特点，但若不能及时地对所出现的生态安全问题按照《立法法》的许可，通过地方立法方式予以解决，假以时日，这些问题将成为西部地区经济社会发展中的瓶颈，制约西部地区经济社会的健康、协调、可持续发展。值得注意的是，西部地区为我国许多大江大河的发源地，而对这些水源及流域的生态安全法律保护还有待加强，若这些江河缺乏法律应有的调整和管控、保护，一旦出现生态安全问题，将会随着河流的水体流动，影响延伸到中部地区、东部地区，对全国的生态安全产生极大的破坏，甚至还会影响到周边国家，造成不良的国际影响。

3. 西部地区地方立法的协调性、配套性需进一步加强

在西部地区，一些江河、矿藏、森林、草原、地貌、湖泊等资源贯通西部各个省、区，成为地跨不同行政区域的、极为宝贵的资源，而这些资源又有着不可分割的天然联系。应该说，从资源共享的角度来说，这些重要资源是促进区域经济发展，共同开发、利用的宝贵财富；而从生态安全角度来看，则是需要共同面对生态安全问题，以戮力同心，共同构建西部生态安全屏障。客观上要求打破行政界限，以生态安全的整体保护为法律的调整范围，制定跨行政区域的生态安全法律法规，如青藏高原、云贵高原、黄土高原等地域以及大江大河、沙土防治等方面的生态安全事宜，西部地区任何一个行政区划领域都难以系统、全面地实施保护，任何一个行政区划领域的生态安全立法的效力都相对有限，因而，西部地区相关行政区域之间要加强协调，力争在相互协调、步调一致的基础上形成跨行政区域的生态安全法律法规。当然，若在国家层面对此积极支持、协调，甚至在国家层面加强顶层设计，进行宏观立法规划，专门制定针对西部地区跨行政区域的重大生态安全法律，不仅会增强西部地区生态安全立法的协调性，还会有力促进西部地区生态安全立法的系统性建设。

此外，西部地区是我国与周边国家的主要接壤地区，我国与周边国家签订有关生态安全保护的国际协议，但在国内立法层面并没有制定相应的、落实配套的国内法律。为此，西部地区在生态安全立法时应充分考虑到这一现实问题，在征得国家有关部门支持的基础上，制定相应的配套性法律法规，以更好地促进生态安全的保护。

4. 西部地区地方立法的公众参与机制还有待进一步建设

法律的实施不仅需要执法机关、相关部门严格执法，从根本上来说，最重要的是社会的广泛参与和人民群众发自内心的维护和遵守。唯

其如此，才能使立法的最终目的得以体现，法律的尊严才能真正得到彰显。西部地区生态安全问题涉及面广，问题甚多，但由于历史、教育、认知以及经济社会发展水平所致，西部地区许多人对生态安全的认知和重视程度远远没有达到应有的水平。而西部地区对此重视不够或缺少相应的经验，在一些地方立法中缺乏公众参与的具有可操作性的规定，致使普通公众参与的有限性、滞后性、被动性等特点十分突出，由于公众缺乏必要的相关专业知识而政府及社会舆论不能及时进行宣传、引导，即使有可能参与，也往往在事后才允许发表意见，难免导致社会矛盾凸显，一些人进而对政府产生不信任心理，法律意识也很难得以提升。

此外，西部地区生态安全立法中还存在特色不够明显、部门利益倾向严重、立法的数量还满足不了实际需要等问题。唯有积极破解上述难题，才能加强西部地区生态安全的法律保护，而要做到这一点，一定要在法律允许的条件下，走西部地区立法创新之路、探索之路。

三、完善西部地区生态安全立法对策

1. 构建以生态价值为导向的生态安全保障立法

首先，"环境权"作为公民基本权利的法律保护。20世纪60年代以来，随着环境问题日益严重，世界各国在致力于运用技术手段治理污染的同时，也在努力寻找解决环境问题、保护和管理环境的理论依据和法律依据，环境权概念因此应运而生。20世纪70年代，环境权理论迅速发展，成为人权理论的重要内容之一。然而在后续的环境权发展中，西方多数国家却拒绝通过宪法规定环境权，各国学术界也逐渐丧失对环境权理论的兴趣，其原因就在于许多西方学者认为环境权的抽象性特点突出，而不是具体的活动。我国也有学者认为没有具体、实在的制度保

障，抽象的环境权只是一句空话。①

环境权应纳入我国宪法以及西部地区的生态安全立法保护，其原因就在于：首先，我国宪法虽然规定了公民的基本权利，但是基本权利的内容不足以保护公民不受环境污染的损害。其次，西方国家环境利益与财产利益已经充分结合，通过其他财产权的保护即能在一定程度上实现环境权益。而我国传统民法中的财产权、人格权在性质上都不能实现环境权益的保护。此外，我国其他环境立法中也没有对公民及环境保护的民间组织（NGO）的权利及义务做出相应的规定。因此，将环境权纳入宪法以及将西部地区的生态安全立法作为公民基本权利加以保护，有利于实现公民环境权的法律保障。

其次，西部地区目前生态安全的法律保障主要依赖环境基本法和单行的自然资源法规以及各地所制定的地方法律法规，《环境保护法》在资源利用和环境保护方面虽然做出了相应的规定，但是我国立法对生态安全的法律特征并没有明确规定，且存在生态安全保障制度与其他环境保护制度概念混淆的问题。因此，有必要通过立法将生态安全保障作为独立于自然资源利用和环境保护之外的法律保护客体对待，准确界定生态安全保障法律制度与其他环境保护法律制度之间的相互关系，实现生态安全的立法保障和制度保障。此外，应修正与生态安全相关的单行性法律，如各类自然资源法、污染防治法等，促使自然资源的开发利用以及环境保护的法律向着"生态化"方向发展。为此，西部地区可先行试行，待取得经验后再上升至国家层面。

最后，促进西部地区生态恢复的立法。我国现已出台了《土地复垦条例》，其中还专门规定了针对湿地、水域、草场和森林等生态环境

---

① 王曦，唐瑭：《对"环境权研究热"的"冷"思考》，《上海交通大学学报》，2013年第2期，第5—16页。

的恢复事项。此外,西部地区如重庆市、陕西省等地就矿山生态恢复问题专门制定地方性法规,都是有益的地方立法尝试。但由于生态恢复并没有综合性的立法,部分的规定也只停留在政策层面,并没有上升为法律规范。因此,面对已然遭破坏的生态环境,有必要在现有的资源利用和防治污染的立法前提下,制定生态环境恢复促进法,以促进西部地区生态环境的恢复和可持续利用。

2. 生态安全立法的完善

目前,国际上采用的环境政策保护工具主要包括:标准、环境税、排污收费、排污权交易、预付金返还(押金)、环境损害责任保险等。这一系列的政策制度对于西部地区的生态安全保障具有相当借鉴意义。

首先,环境税的征收。我国在《中华人民共和国环境保护法》设立了生态补偿制度,规定国家和相关地方政府的职责。其中,生态补偿制度的资金可以分为国家财政的转移支付、资金专项支持、国家建立基金或者开征环境税。其中,生态税又称环境税,最早起源于英国"福利经济之父"庇古在其《福利经济学》中建议政府应根据污染所造成的社会危害对排污者征税,将污染成本加到产品价格中去,以税收形式弥补社会成本和私人成本之间的差距。[①] 而我国至今仅有一些有助于资源、环境保护的优惠规定,并设置了兼有一定环境保护作用的税种,如资源税、土地使用税、车船使用税等。[②] 除了环境税收制度缺失以外,我国的排污收费制度在实施过程中也存在问题,排污收费制度致使一些排污者认为只要交费即可排污,因而宁可缴纳超标排污费,也不愿积极

---

① 关永强,张东刚:《英国经济学的演变与经济史学的形成(1870—1940)》,《中国社会科学》,2014 年第 4 期,第 62 页。

② 秦昌波,王金南,葛察忠,高树婷,刘倩倩:《征收环境税对经济和污染排放的影响》,《中国人口·资源与环境》,2015 年第 1 期,第 17 页。

治理污染。

因此，我国国家层面立法有必要对排污收费制度进行改革，且应尽快出台环境保护税法①，通过税收形式以平衡环境污染的社会成本和私人成本，从而实现环境资源的再分配，用征税所得来防治污染，从而改善环境或者增加对公民的福利支出。西部地区应在《立法法》的允许范围内，制定相应的地方性配套法规。

其次，环境责任保险的立法缺失。环境责任保险也称为绿色保险，是由保险人由于污染造成损害所承担的赔偿进行损失填补的一种责任保险。② 目前，我国环境责任保险制度始于海洋的环境责任保险，《中华人民共和国海洋石油勘探开发环境保护管理条例》（1983 年 12 月 29 日）第 9 条对此进行了规定。环境责任保险有利于生产企业增强抗环境风险的能力、保障环境污染事故受害者的利益，鉴此，我国应尽快制定出台《环境责任保险法》，建立起环境责任保险制度，以立法途径来有效解决环境损害赔偿责任问题。有条件的西部地区可按照国家有关法律的要求，率先进行试点，创新生态安全保护的渠道。

3. 西部地区生态安全保障制度的完善

1989 年制定的《中华人民共和国环境保护法》建立了环境影响评价制度等相关规定，修订后的《中华人民共和国环境保护法》在原有环境保护制度上增加了自然生态区域保护、保护生态安全、加强生态修复等制度。然而，就我国尤其西部地区的生态安全的要求来看，生态安全保障制度亟待完善。

---

① 2014 年 11 月 3 日，从全国人大财经委获悉，财政部会同环境保护部、国家税务总局积极推进中华人民共和国环境保护税立法工作，已形成中华人民共和国环境保护税法草案稿并报送国务院。

② 王朝梁：《论我国环境保险责任制度的依法构建》，《中国政法大学学报》，2012 年第 2 期，第 54 页。

　　首先，现有的环境保护制度有待完善。《中华人民共和国环境影响评价法》（以下简称《环境影响评价法》）第2条规定，将规划纳入环境影响评价制度，这就使得政府有关部门以及企事业单位在决策时必须考虑环境因素，从建设项目一开始，就要竭力避免对生态环境造成破坏。但由于规划环境影响评价在我国尚无通用成熟的技术方法、评价指标及体系等，大多数方法还较为传统。由于制度保障的设计尚存在较大缺陷，因而影响了规划环境评价的准确性和预测结果，使得环境评价结论缺乏应有的说服力。这就要求在今后的立法进程中，明确规划影响评价制度具体操作的技术方法、评价指标。此外，还应进一步扩大环境影响评价制度的范围。

　　其次，生态安全以及保障制度的完善。《环境保护法》对新增的有关生态保护制度如生态补偿制度进行了原则性的规定，但对有关规定中的各利益相关者的权利、义务、责任界定及对补偿内容、方式和标准规定均未在立法层面予以明确。再如，环境公益诉讼制度明确提出公益诉讼的对象，而能否针对政府环境行政违法行为等问题提起环境公益诉讼却并未提及。还有，《环境保护法》虽然新增了有关环境信息公开与公众参与制度的内容，但由于相关的制度保障立法尚未到位，致使该制度缺乏相应有效的实施保障。面对日渐增长的生态安全保障的需求，这些制度亟待法律予以明确。

　　最后，从法律位阶的角度考虑，国家层面相关法律制度的完善是促使调整范围相对有限的区域性生态安全保护法规完善的重要环节，从而使西部地区的生态安全保障法律法规向规范化、法制化进一步迈进。西部地区可针对影响大、开展生态安全评价相对容易的领域，对现行的环境影响评价制度和方法进行改革，并以地方立法的方式确保改革工作的有序推进，进而为推动国家层面的环境影响评价的法律改革提供参考。

4. 将生态安全保障作为其他部门法立法的基本原则

目前，世界许多国家在立法的过程中非常注意法律立法的生态化。例如在俄罗斯联邦《所有权法》《联邦投资活动法》等多部法律中都有关于生态方面的要求和规定。

首先，我国的环境污染与生态危机伴随着经济发展日益严重，仅仅依靠环境立法并不能从源头上解决生态安全问题，如果在经济立法上强调生态安全原则，运用经济手段加大生态环境的保护力度，将有关法律规制和经济发展手段综合运用，有助于提升生态安全的保障实效。西部地区对此要积极争取先行先试，先对现有地方法律法规进行清理，用生态安全的思想统领原有法律条文的修改；另外，在新制定的生态安全法律法规中，要结合西部地区生态安全的实际状况，立足国家未来发展战略的需要，充分彰显构建我国生态安全屏障的理念，使西部地区的生态安全保护符合理论创新与实践发展的要求。

其次，绿色采购制度作为一项利用市场机制对社会生产与消费行为进行引导的环境保护政策，有利于缓解我国资源能源供求矛盾、加强环境保护和生态安全建设。《中华人民共和国政府采购法》规定了有关绿色采购的要求，但是并没有相应的实施条例和细则，因而，我国应当加强绿色采购立法，通过修订和完善有关条款，将环保节能规定具体化，同时，应当明确各方面在促进政府绿色采购方面的责任和义务。西部地区在贯彻《中华人民共和国政府采购法》等国家层面的法律时，应积极制定具有可操作性的地方配套法律法规，使生态安全保护的思想转化为实实在在的行为。

完善西部地区生态安全立法，从根本上来说，一定要树立正确的生态文明观，把生态安全置于首位，强调综合效益，处理好公平、公正的关系，对边远贫困地区的群众与资源环境恶性循环的关系要有相应的法律调整、引导性规定。另外，要加强生态安全法律法规的可操作性，加大西部地区民众的参与度；要克服偏重部门利益和行政痕迹的倾向，使得多个相关部门和人员广泛参与；同时，也要注意生态安全立法与其他部门法律法规的协调，使西部地区生态安全立法得到最大程度的响应、最大力度的执行和最佳效果的体现。

第三节　构建生态安全屏障，推进西部地区
生态文明建设的机制创新

　　确保生态安全是推进生态文明建设不可或缺的物质环境基础，没有生态安全就没有生态文明。西部地区生态区位的重要性早已成为业界共识，但西部地区的生态环境状况及其管理机制，与目前快速发展的市场经济和构建和谐社会建设的需要之间还存在诸多差距。构建西部地区生态安全屏障，进一步完善生态补偿，实施绿色政绩考核、促进公众参与，是促进生态环境保护，发挥森林、河流、草原等自然生态资源在我国生态文明建设中的重要作用的有效途径，也是我国促进经济增长方式转型、实现代内和代际环境公平的重要举措。

一、完善西部地区生态效益补偿机制创新

　　生态补偿机制通过行政和市场手段来调节生态环境保护和经济发展矛盾，是一项基于"受益者付费，破坏者赔偿"原则，具有经济激励作用的环境经济政策①，主要在生态保护和环境污染防治领域实施，流

----

① 霍艳丽，刘彤：《生态经济建设：我国实现绿色发展的路径选择》，《企业经济》，2011 年第 10 期，第 66 页。

域、森林、草原、矿产资源开发等领域是实施生态补偿的主要范围。生态补偿机制通过资金、实物、政策、智力等的补偿，平衡相关利益者的得失，实现社会公平和谐，并将当前发展与后续发展相结合，不以牺牲子孙后代的环境权益为代价来发展经济。建立合理有效的生态补偿机制，让资源受益者支付必要的经济成本，让环境破坏者受到应有的经济惩罚，让子孙后代受益，由此破解生态保护资金短缺、利益分配不均等突出难题。

西部地区是我国生态环境建设的重点区域。作为生态区位重要、生物多样性丰富、生态系统脆弱、社会经济发展水平相对落后的西部地区，目前，我国还没有建立完善的生态效益补偿制度。针对西部地区生态安全的现状和特点，完善生态效益补偿机制对维护边疆稳定、缩小中西部差距、促进地域经济社会发展中坚持以绿色 GDP 为评价标准的体系建设，具有重要的战略意义。

1. 在凸显政府主体地位的同时，推进生态产品市场化运作

目前，生态补助的资金来源主要是中央财政，而由受益的部门、企业和单位，乃至跨地区、跨省份进行生态补偿的情况偏少。我国东部和中部地区经济较为发达的省份如浙江、广东、湖南等，省级和地方财政、部分企业已经成为生态效益补偿金的重要来源。而西部地区整体经济基础薄弱，地方财力有限，在涉及生态产品如水资源、景观资源、生物多样性、碳排放等方面，目前还缺乏相应的市场机制。虽然在西部省区的局部地区开展了一些针对生态效益受益企业、受益人群进行生态补偿金征收的工作，但由于生态补偿执行标准存在争议、效率低下，所得资金量小，生态补偿的社会效益不尽理想。

因此，在构建完善的生态补偿机制时，要凸显政府的主导地位与作用，在政府的重视与主导下，制定和完善相关的法律法规，并提供资金

支持，生态补偿机制的建立才能进入轨道。西部地区洁净的水资源、清新的空气、优美的环境、丰富的景观资源、珍稀的基因资源等生态产品，同样具有商品的属性。在遵循"谁污染谁付费，谁破坏谁补偿，谁受益谁买单，谁治理谁得利"的原则下，明确责任和利益主体，驱动企业参与，建立生态服务市场，通过市场化发动企业参与，把较多的职能转移到非政府机构，才能从根本上建立长效的补偿机制，促进自然资源进入市场，完善水权、碳交易机制，推进市场运作，使生态产品的经济价值得到认可和体现，既减轻国家财政压力，又能有效改善西部地区人民的生活水平，并促进全社会对自然生态资源的保护及生态文明意识的提高。

2. 尽快出台我国《生态补偿条例》，推进生态补偿机制建设

根据各国生态补偿的政策实践，生态环境功能服务补偿主要涉及以森林生态系统服务为核心的生态服务付费、农业相关生态服务付费、流域生态环境服务付费及与矿产资源开发相关等生态补偿制度[①]，涉及森林、草原、湿地、荒漠、海洋、水流、耕地等领域。一般而言，生态补偿机制主要涉及如下内容：一是森林、湿地、草原等生态系统在涵养水源、固碳释氧、净化大气和水资源、调节气候、保护生物多样性等方面的生态服务价值；二是保护上述自然生态系统的人力、物力投入成本；三是当地政府和社区为实施自然生态保护而放弃的发展机会成本。

目前，我国生态补偿存在补偿范围小、补偿标准过低以及对环境破坏后征收的补偿费偏低等突出问题。目前主要对生态公益林、重要湿地、矿产开发、资源破坏、垃圾排放及治理等进行补偿，而对诸如森林等生态系统的涵养水源、固碳护土、保护生物多样性、景观美化等生态

---

① 丁吉林，许媛媛：《可持续发展倒逼生态补偿机制冲破瓶颈》，《财经界》，2012 年第 5 期，第 34 页。

服务功能尚未开展补偿，或者补偿的具体项目不够细化、明确，导致生态补偿标准的确定不尽科学、合理。如在2014年启动的新一轮退耕还林工程项目中，不论经济林还是生态林，5年补助期内的补助仅为1500元/亩，远远低于2000年开始的退耕还林项目（生态林16年共计补助约3080元/亩，经济林10年补助共计1925元/亩）。这一标准在当前的物价水平下明显偏低，只够基本的农资、劳务费，而很多农田每年的纯收入都在1000元以上。如果退还的是生态林，在补助期满后即使纳入生态公益林，仅获得15元/年每亩的生态林管护补助金。究其原因，是缺乏科学的核算补偿标准，只考虑了种植单一粮食作物、土地面积来核算补偿，却忽略了种植其他农产品的价值、不同森林的生态功能和生态效益以及生态价值的差异。因此，在西部地区的发展过程中，不仅需要大量资金用于生态建设与保护，还需要大量资金用在生态补偿机制和技术支持方面。一些地方政府据此提出，他们不仅需要生态建设和保护的资金，更需要获得提高当地社会经济发展水平和社会福利水准的资金支持、技术援助，这也是当前处于贫困阶段的西部群众普遍关心的问题①。

国家发改委于2011年制定《生态补偿条例》草案，把生态系统按照草原、森林、湿地等不同，分别制定相应补偿办法，形成优奖劣罚的工作机制。2016年5月，国务院办公厅印发《关于健全生态保护补偿机制的意见》，明确了制定以地方补偿为主、中央财政给予支持的横向生态保护补偿机制办法。但就现阶段而言，靠西部地区自身薄弱的地方财政，生态补偿措施很难落实，主要的资金来源仍然是中央财政。生态补偿问题涉及面广、量大，协调各方利益难度很大，出台国家《生态

---

① 董小君：《建立生态补偿机制关键要解决四个核心问题》，《中国经济时报》，2008年1月3日。

补偿条例》还有长远的路程。而西部在拓展生态补偿资金来源、确定补偿标准和方式等方面，需要积极学习、借鉴中东部地区和其他发达国家的经验，特别是业已完善的生态效益补偿机制。

2019 年 11 月，国家发改委印发《生态综合补偿试点方案》，在安徽、福建、江西、海南、四川、贵州、云南、西藏、甘肃、青海 10 个省区（大部分为西部）选择 50 个县开展试点。明确对集体和个人所有的二级国家级公益林和天然商品林，鼓励适度开展林下种养殖、旅游观光等不破坏森林资源的生产活动，优先将有劳动能力的贫困人口转成生态保护人员，推进流域上下游、省内流域横向生态保护补偿试等，这标志着我国的生态补偿又向前推进了一大步，也将为出台国家《生态保护补偿条例》提供重要的实践依据。

3. 深化林权制度改革，探索重点公益林国家收购政策

西部地区人民既是生态文明建设的积极参与者和重要见证者，也应该是生态安全保护的受益者。胡锦涛同志在内蒙古考察时反复强调："生态建设要与增加农民收入结合。"① 西部是我国自然保护集中的区域，但保护区有相当一部分是农户的自留山或村寨的集体林被强行划入，划定保护区的举动意味着对部分区域农户所有权的损害。另外，在退耕还林项目实施后，生态林在 16 年补偿期满后，群众虽然拥有林权证，但明确规定只能进行间伐而不能规模化采伐利用。缺乏林业生态收益致使农民收入下降，保护生态的积极性必然受挫。随着土地资源和山林资源的收益增值，群众的不满情绪也在加大，局部地区甚至出现了复垦的现象。

在我国现行与林地有关的法律中，改革开放初期出台的《农村土

---

① 董恒宇：《构筑内蒙古生态安全屏障——生态文明战略思想在内蒙古的实践》，《环境保护》，2012 年第 17 期，第 27 页。

地承包法》注重对林地的经济效益保护，而后出台的《森林法》则更强调生态效益，二者在立法价值观上的差别导致在实际工作中林权制度改革矛盾突出；同时，由于森林生态系统、生态空间的产权主体复杂，导致很多矛盾和纠纷。西部地区是我国退耕还林、林权制度改革的重点地区，这一问题就更为突出。因此，亟须出台能同时兼顾经济效益和生态效益的法律，对林地开展保护，并制定《集体林地承包经营法》，以法律形式巩固林改确权成果①。

在西部地区，针对那些生态地位极其重要区域的非国有投资主体营造、退耕还林后形成的重点公益林，农民、个体营造的重点公益林以及划入保护区内的自留山或集体林，建议由国家征收或赎买，转变其所有制形式，以保障林主的合法权益。应尽快研究政策，确定收购标准，落实收购资金，在试点的基础上逐步推开，尤其是国家级自然保护区和对国土生态安全影响大的非国有重点公益林，在明确产权归属的基础上使森林生态保障落到实处。

4. 加快对生态服务功能的科学监测和评估体系研究

当前，我国尚未建立完善的科学监测和评估体系，为生态补偿制度的建立提供强有力的支撑，使得一些地区针对造成生态破坏、生态效益受损的补偿迟迟不能到位。因为缺乏科学而有效的动态监测和评估体系，既不能明确界定生态补偿范围，也缺乏操作性强的生态补偿标准、量化依据作为支撑材料，不仅使群众的损失难以得到补偿，也对区域生态安全的动态变化缺乏观测、跟踪数据。如在云南的东川矿区、富源煤炭矿区，一方面面临着矿区资源枯竭、地方经济发展后劲不足的突出问题，另一方面因长期采矿导致的地下水流失、粉尘污染、矿区房屋损

---

① 孙根紧：《我国西部地区森林碳汇估算及潜力分析》，《广东农业科学》，2015 年第13 期，第186 页。

毁、自然灾害频发等问题，很多年轻人对当地社会经济的发展现状不满，对地区未来的发展前景感到迷茫、困惑，一些赴外打工的精英群体即便挣了钱也不愿意在老家修盖房屋，衍生出一系列社会问题。因此，需要进一步加强生态系统服务价值评估理论和方法的研究，根据我国西部地区的实际情况，借鉴国际上的有益经验、政策，尽快出台生态价值评估规范，成为当前推进生态补偿机制完善的当务之急。

西部地区是我国生态安全战略格局的重点地区，生态环境保护与建设是我国经济社会可持续发展与美丽中国建设的基本保障，但西部地区也是中国经济欠发达、少数民族分布集中的地区，要建立长久而稳定的生态效益补偿机制，政策是关键，资金是保障。一方面，要在继续发挥政府主导作用的基础上，进一步加大国家对西部地区的公共生态补偿，并完善相关的补偿范围、补偿标准，严格相应的管理制度；另一方面，要充分考虑我国东西部的生态资源差异，推进制度创新，借鉴国外经验，完善相关法律法规，构建市场化机制，如"碳交易""水交易"等市场平台，为西部地区洁净水、固碳护土、生物多样性、景观资源、基因资源等生态产品提供交易平台，在公共补偿的基础上，增加市场交易补偿，扩大补偿资金的来源。

二、推进西部地区绿色政绩考核机制创新

自从党的十八大报告强调生态文明建设以来，绿色政绩观就成为中国共产党和政府推进生态文明建设的重要施政理念，这是基于人类对大自然及其规律的认知，将自然法则融入执政为民的治国理政的实践工作中，推进物质文明建设与生态文明建设协调发展的重要举措。政府是我国生态文明建设的主导者，政府官员既是我国政策的执行者，也是很多主要地方行政法规、行业规则的制定参与者，政绩考核体制不仅关乎各

级政府官员的前途命运，引导着其工作重心和工作方向，也必然对地方政府工作重心转移、促进地方经济社会发展产生深远影响。

我国借鉴国际上的成熟经验，制定了《中国资源环境经济核算体系框架》和《基于环境的绿色国民经济核算体系框架》，成为我国绿色GDP核算的主要依据。国务院先后通过颁发一系列文件，以行政法令、法规的方式明确将环境保护纳入干部晋升考核之中，绿色GDP成为考核各级党政一把手政绩的重要因素。绿色政绩考核体系已在我国中、东部地区进行了积极的探索和实践，考核结果在官员升迁、调任中的意义不容低估。西部地区在实施绿色GDP考核体系、考核办法的过程中，必须要根据西部地区的社会经济发展方向、社情、民族文化等进行创新，构建与西部政治、社会发展、文化相适应的绿色考核评价体系、评价方式、方法。毕竟，绿色政绩考核评价指标的科学性、考核方式的合理性、数据的真实性，最终决定了考核结果的公信度。

1. 根据西部各地区的主体功能定位，制定差异化的政绩考核体系

全国、地方的主体功能区划，规定了地方未来的发展方向，引导地方发展思路及规划，相应的政绩考核也要与之相适应，并且要突出重点，易于操作。

首先是在可持续发展的理念指导下，在充分认识西部省区（市）森林、水资源丰富，其生态价值远远超过经济价值的基础上，再参照中东部、国际上比较成熟的考核体系，制定与西部生态文明建设需要相适应的考核体系。如在西部地区的绿色政绩考核体系中，经济指标的权重要比中东部低，生态保护指标所占权重应比生态修复的权重大，中东部地区则相反。

其次是在西部地区，根据区域经济发展方向，分类制定相应的绿色政绩考核体系。如滇西三江并流地区，是我国也是世界生物多样性保护

的核心区，在绿色政绩考核体系中，就应该把天然林面积和质量、森林火灾情况、生物多样性保护等列为重要考核指标，而工业农业总产值、自主创新、吸纳人口、招商引资等指标就需要弱化；在西部地区的一些国家级资源枯竭城市，在生态修复方面的指标如治理山体滑坡、新增治理水土流失面积、森林面积增加率、矿区复垦利用率、下岗职工再就业率等指标应成为绿色政绩考核的重要构成项目。当然，由于生态保护和生态修复需要大量的资金投入，而经济效益的产出低、周期长，这些考核指标的设立必须建立在环境保护和治理投入的成本核算上，生态补偿就是主要的资金来源之一。

2. 建立基于第三方独立考核为主的绿色政绩考核制度

绿色政绩考核从程序上保障考核结果客观、公正的基本要求，加快构建以第三方独立专业技术人员为主的考核制度。目前的考核主要是上级考核下级，政府是"裁判员""运动员"一身兼，考评中难免有"唯上不唯实"、虚以应付的问题。绿色政绩考核涉及多方位的指标体系，考核指标体系的建立、数据的收集和测算、考核的实施都离不开专业力量的支持，鼓励支持行业协会开展第三方评价，研发基于网络技术、大数据分析技术的考核平台。政绩考核的各项指标，大多是建立在数据统计的基础上，统计取样、统计方法、统计分析等的科学客观性，直接关乎数据的有效性、考核结果的真实性，因此，国家加强统计管理，对数据造假、虚报、谎报等弄虚作假行为要给予严惩，严格落实追责制度。

绿色政绩考评要始终坚持"执政为民"，政绩考核离不开群众的参与，任何一个政策、项目的落地，产生的社会效益、经济效益、生态效益，都与群众的生活息息相关，考核中采取的民主测评、民意调查等方式，往往能反映最真实的群众意见。有关考核体系指标、统计方法、考核过程、考核结果等在不影响国家安全、个人隐私的前提下实施信息及时公开，是促进公众参与、保障政绩考核结果有效性的重要措施。

3. 充分发挥绿色政绩考核结果的导向作用

当前，西部很多省区（市）已先后建立绿色政绩考核体系，由于环境责任追究制度未全面落实，致使绿色政绩考核结果的作用尚未充分发挥出来。对于生态环境脆弱、生态区位极为重要的西部省区（市），需要在总结中东部经验教训的基础上，完善绿色政绩考核体系及考核结果在干部工作评价、升迁、责任审计中的作用。依据新《环境保护法》的规定，结合各地生态保护红线的区划，完善领导干部任期内的生态环境问题责任制、终身追究制，制定领导干部离任资源环境责任审计制度，坚决杜绝违规转任重要职务、提拔使用等乱象。

我国自 2005 年开始倡导绿色政绩考核以来，四川、广东、江苏、浙江、山东、青海等众多省区开展了实践，但实际成效又受到当地环境基础数据、环境监测技术、环境法制、公众关注度等因素的综合影响。官员异地调任、升迁是我国当前遏制腐败和促进执政能力交流的一项重要举措。有关研究显示，在我国东部地区，异地调入的官员上任后，管辖区域的环境质量将得到显著改善，而中西部地区则无此效应；同时，法制环境越完善、公众环境关注度越高、市场化程度越高的地方，政府越重视环境污染治理①。而这些影响因素正是西部地区的短板，也是将来工作的重点，完善包括绿色 GDP 考核在内的法制环境、提高公众的环境认知度和参与度、发展西部经济促进市场经济发展，都是建设西部地区生态文明的核心任务。

---

① 潘越，陈秋平等：《绿色绩效考核与区域环境治理——来自官员更替的证据》，《厦门大学学报》（哲学社会科学版），2017 年第 1 期，第 31 页。

三、健全具有西部民族特色的生态公众参与机制创新

青山、碧水、蓝天、绿地，常被看成是生态环境安全、稳定、和谐、美丽的象征。亚里士多德曾经指出："那些由最大多数人所共享的事物，却只得到最少的照顾。"① 生态环境具有典型的公共属性，自然生态系统为人类提供了能源供应、经济发展、文化服务，是保障人类生存和发展最重要的物质基础和公共产品。毋庸置疑，每一个公民都享有在良好、健康的生态环境中生活的权利，但同时也必须深刻意识到，维护良好的生态环境是每一个公民应尽的义务。

生态意识反映了人与自然环境和谐发展的生态价值观，也是调控人们进行社会经济发展活动的内在因素，良好的生态意识是促进生态文明水平提升的内在动力。一般说来，人们的生态安全认知水平往往不仅受到社会经济发展水平、科技水平及教育水平的影响，同时也折射出一个国家或地区资源利用与开发的状况。西部地区公民生态安全认知的局限是导致生态保护的举措落地难、实施难的一个重要诱因。西部地区由于经济相对贫困，教育水平及文化素质相对较低，社会公众对生态环保意识薄弱，接受生态意识教育的路径少、参与生态环保实践的机会少、参加社会性生态实践活动少，使得公民生态环保意识的养成和深化失去了必要的依托与保障，生态保育和生态恢复的信息获取渠道有限，生态安全意识缺乏尤为明显。在我国西部地区各民族文化中，既有传承久远、形式多样、具有强烈行动约束力的传统生态思想，同时也存在一些不利于生态保护的生产、生活固定习惯。在我国西部地区，社会公众表现出的生态参与意识淡薄、生态保护行动缺失的现实与其重要的生态区位特

---

① 薛达元主编：《中国民族地区生态保护与传统文化》，北京：科学出版社，2014 年版，第 3 页。

征、严峻的生态安全状况形成了巨大反差。

课题组在开展调研的工作中发现，西部地区普通民众对生态文明建设知晓度比较高，但是在生态安全问题上的认知则较为陌生。除少量农村精英人士对生态安全有所了解外，大部分农民表现出对生态安全知识严重匮乏。在农田耕作过程中，科学施肥意识薄弱，基本靠经验、凭感觉，超量施用化肥、农药、抗生素几乎是常态，在农田中随意堆放废弃地膜的现象比较普遍；在日常生活中，生态安全意识不强的表现比比皆是，有农户随意将甲胺磷直接用于粮食贮藏；在干旱季节，收集洗衣服、洗澡水用于浇灌蔬菜；生活中的废塑料垃圾直接放到灶中燃烧的现象也很普遍。在课题组对一个国家级贫困县进行走访调研时发现，近年来国家加大了社会主义新农村建设的力度，一些地处偏远的傈僳族山村中已经普及电力、煤气罐等设施，却囿于传统生活方式的惯性，农户极少使用，仍然保留着在家中利用木柴取暖、做饭的习惯，以致厨具、灶台、木柱、墙面熏得漆黑。究其原因，生活成本考量当然是一个重要因素外，人们在心理上还是觉得一家人围坐火塘的方式温暖、热闹、亲切，沿袭多年的生活、生产方式的改变绝非一日之功。就西部地区来说，由于地域位置偏远，缺乏现代生态文明意识的有效渗透，对生态安全问题认识不足，很容易固守原有生产、生活方式和消费行为，往往对生活中的陋习不以为然、习以为常，生态环保理念推广尤为艰难。

构建覆盖全社会的生态文明教育体系，培养公民的生态忧患意识、参与意识、责任意识任重道远。公众参与环境保护涉及意识、知识、技能、态度、行动的不同层面。生态安全保护意识建立在对化肥、农药、洗涤用品、药品等化学产品毒副作用的认识基础上，通过生态知识普及、法律法规宣传、生态技术培训、参与环保活动等必要途径，有效传播环保知识和技能，培养生态安全意识。基于西部地区众多少数民族对生态安全的认知状况，需要基层环保部门、中小学校加大生态知识培训、法律宣传，普及、推广环境友好型农业生产技术，让农户逐渐认知、接受、应用。一般说来，人们的态度和行为选择往往是受利益驱动的，是政策法规、个人知行能力、社会环境等多方面综合作用的结果。应该看到，一些农户对农药、化肥、植物激素的滥用，致使农产品安全降低，既有存在相关生态安全认知偏差、局限的原因，也是在利益驱动下无视危害的利己意识所致。政府部门要通过出台相关补贴鼓励措施，资金补助、奖励、政策支持强化信息公开以及及时跟进必要的违规惩戒措施，引导农户、企业、城镇人员等参与环境保护生产，践行低碳生活方式，鼓励社会各界参与环境监督、执法。

1. 将生态环境保护治理与脱贫攻坚相结合

西部是我国政府脱贫攻坚的主战场，西部地区丰富的自然资源既是当地经济发展的物质基础，也是开展自然生态保护工作的重要对象。当前的扶贫攻坚势必带来西部地区经济的快速发展，对自然资源的利用方式正在转型，绝不能再沿袭过往的破坏—修复的发展模式。在扶贫项目的规划和设计层面，要以绿色发展、可持续发展的理念为指导，不论是矿产开发、水电建设抑或是道路建设、发展现代农林业、旅游开发，都要吸取以往的经验教训，将环保、生态修复、环境友好方面的技术融入项目设计中，协调开发与保护的矛盾，走生态的、可持续发展的路径，将环境影响、生态保护、传统文化保护等融入其中。在项目具体实施的群众工作层面，坚决贯彻扶贫先扶智，激发群众内生发展动力的工作理念，采用参与式的农村工作方法，推广实践环境友好的农业生产和环境保护技术，如科学施肥、轮作、农林混作、生物防治病虫害等等，根据群众的语言、文化、知识等背景，利用科普示范、现场技术培训、参观学习等方法，让群众真正乐于接受、积极参与。

2. 加大对民间社会环保组织的引导、规范、支持

近些年，国际、国内众多环保组织的活动，在唤醒公众的环保意识、普及环保知识、申请信息公开、促进公众参与环境立法、环境问题公益诉讼、监督等方面发挥着越来越重要的作用，工作已深入到公众参与的更深层面。如大自然协会、绿色和平、自然之友、绿色江河、阿拉善 SEE 生态协会等，都是活跃在西部地区开展社区发展、生物多样性和环境保护等领域的非政府组织。

西部地区由于其环境资源独特、经济发展滞后、民族众多等特点，是各类社会环保组织工作、活动的主要区域，但真正源于西部地区的社会环保组织则相对较少。政府对社会环保组织在认知、引导、规范与支持力度等方面，和中东部地区都存在明显差距。很多基层政府官员对社会环保组织持有戒备思想，对环保组织发动群众参与环境监督、申请信息公开等活动进行限制、阻挠。应该看到，各类环保组织工作的最终目标，与政府的目标是基本一致的。但在具体工作方式上，政府更多的是通过自上而下，发布行政命令，环保组织则是依靠群众，自下而上的参与，因而成为政府工作的重要补充部分。环境问题涉及每一个人，公众对环境问题的关注随着西部经济的发展必将越来越强烈，各级政府不仅要正确认识环保组织的作用，完善有关参与管理机制，还要通过政府授权、财政补助、职业中介等多种形式，与其积极开展合作、信息互通，发挥其作用，推进西部地区民主、法制、公众参与建设。

政府作为主导者，既要将当前的扶贫攻坚与传播、推广生态安全知识、生态农业技术相结合，在生态保护中实现发展，在发展中进一步促进保护；也要重视西部地区各民族乡土知识技术的传承和发扬，探索可持续的社区参与模式，在传统文化、乡土技术、民间知识的发掘、研究方面进一步深入探究，不断吸纳、融合现代生态安全理念，促使传统生

态理念、意识得以传承，并焕发出新的生机与活力。同时，充分发挥环境公益组织对西部地区民众参与的指导作用，允许民间环境保护组织在法律范围内，在政府主导下，共同参与到西部地区生态安全管理与生态文明建设工作，实现对政府主导作用的查缺补漏，为民众提供精准化的生态帮扶服务，促使民众以更为自觉、积极的姿态，以合理、合法的方式参加到构建生态安全屏障以及西部地区生态文明的建设活动中。

第四节　构建生态安全屏障，促进西部地区生态文明建设的文化创新

生态文明作为人类文明发展的一种全新形态，而生态文化正是生态文明建设的关键，西部地区生态文明建设必须坚持以马克思主义生态观为指导，继承中国传统生态思想，吸取西方现代生态文化思想，构建社会主义的生态文化体系。生态文化体现了一种新的、人与自然和谐共处的文化观和价值观，意味着人类要在生产方式、生存方式、消费方式实现生态化转型，它体现了人类社会生产力的发展、生产方式的进步和生活方式的全面变革，是生态文明的重要组成部分，是文化、文明进步的产物。习近平总书记指出，"山水林田湖是一个生命共同体，人的命脉在田，田的命脉在水，水的命脉在山，山的命脉在土，土的命脉在树"①，道出了生态文化关于人与自然生态、生命、生存关系的思想精髓。

面对日益严重的全球生态危机，从 20 世纪 60 年代开始，各国专家

---

① 参见 2013 年 11 月党的十八届三中全会《中共中央关于全面深化改革若干重大问题的决定》。

学者纷纷探索危机背后的原因。人们逐渐认识到，全球性生态危机的重要原因就是没有处理好人与自然的关系。工业化、人口爆炸、技术的滥用、农药的滥用、城市化进程加快等，这些仅仅是生态危机的直接原因，真正深层次原因在于人类中心主义思想的发展观和发展模式。说到底，人类面临的生态危机实质是文化的危机。从农业文明走向工业文明以来，人类逐渐摆脱自然对人类的束缚，认定自己可以征服自然、战胜自然，自然界的一切存在都是为了人，一切自然物存在的唯一价值尺度就是满足人类的需要，而忽视自然的内在价值，最终导致威胁人类自身生存的生态危机的出现。所以，引导人类走向新的生存文明价值观，超越狭隘的人类中心主义，将代表21世纪新的文化走向。

一、我国生态文化发展现状

基于构建生态安全屏障视角的西部地区生态文明建设，要立足于对西部地区各民族生态文化的传承创新，旨在引导人们树立和加强生态意识，培养生态道德，维护人与自然、人与人的和谐关系和可持续发展，促进人类在生存方式、思维方式、生产方式和消费方式的转变。

我国西部地区自然生态环境脆弱，经济不发达，既要加快发展经济，改变西部的贫困和落后面貌，又面临着生态环境持续恶化，保护环境压力激增，因此，对生态文明建设重要性、紧迫性的认知应该上升到国家发展战略的高度。在西部地区更需要把经济发展与环境保护的关系处理好，摈除传统发展模式的弊端，探索"两型"社会发展模式。西部地区只有实现了社会经济系统与自然生态系统之间的良性循环，才能真正形成人与自然之间和谐相处的人地关系。

生态文化具有促进人类生活方式转变的价值。生态文化促进人类思维方式的转变，人类一味从满足自身的物质需要出发，无视自然规律的能动活动，最终导致生态危机的发生。生态文化的发展，要求必须从思维方式重新构建其系统性和整体性，以满足人类生存和发展。生态文化促进人的生产方式发生转变，传统的生产方式忽视了自然的平衡，破坏了生态环境。因此，人类要发展就必须改变传统生产方式，代之以更有利于生态保护的循环经济，特点是低消耗、低排放、高利用。生态文化促进人类消费方式的转变，由于生态生产方式的建立，必然逐步改善消费方式，既要满足人们的消费需求，又不对生态环境造成破坏，即绿色消费方式，这是一种可持续性的消费方式。

生态文化具有推动社会生产可持续发展的精神价值。人类的环境保护意识是生态文化的核心，它要求处理好个体与自然的利益关系，维持人类社会、经济、环境的可持续发展，协调人类社会与生态环境系统之间整体平衡性关系。生态文化为实施可持续发展提供精神动力，继而影响人们的思想和行为，培育人的可持续发展意识，促进人们自觉地投身到生态文明建设的过程中，让社会主流文化中内含生态文化，才能实现永续发展，最终建成美丽中国。

生态文化具有促进社会和谐的精神功能。生态文化具有推动生态文明建设的动力价值。文化能提升人的精神素质，协调人际关系，引导人的潜能，激发人的创造力。生态文化在现代生态文明的基础上，以"和谐"为价值观，提升人的生态素质，形成人的生态价值取向，促进生态文化理念的进步，更加注重尊重、顺应、保护自然，重视人与自然的共生共荣、互惠互利，为实现人与自然和谐发展提供源源不断的精神动力与智力支持，引导社会发展方向。

二、西部地区传统文化生态思想的传承与创新

生态文化蕴含着早期人类生态价值的初始文明理念，以及在此生态

理念指引下的一系列相关实践活动，即人与自然和谐相处的生存方式、生活之道。由于历史上的种种原因，中国西部传统生态思想文化，连同少数民族文化一起，千百年来居于边缘境地，受到有意无意的忽视和遮蔽。其实，西部传统生态文化与其日常生活、生产紧密相连，一直以来传承着保护自然生态的重要理念，并发挥着制约、规范人们行为的强大功能。

1. 西部传统文化溯源

我国西部地区民族众多、地域广袤，是华夏文明的重要发源地。从周王朝时代，中国的西北、西南，开始与中原地区进行密切的文化交往。从西汉起，中国的历史书里已经记载了西部的民族、风俗等，东西方文化逐渐实现交融汇合，丝绸之路上有了驼铃声。中国进入唐朝后，西部的概念扩大到西域、青藏高原的中心区、北方草原、云贵高原。两千年来，西部地区各民族经过不断地迁徙、分化、流动、融合，相继建立了一系列地方政权，如西夏、吐蕃、南诏等，这些民族在创造自己历史的同时，显示出自己文化的独特性。在漫长的历史演进过程中，有些原生民族消失了，但在西部众多的少数民族以及汉民族文化中，又可以发现它们的身影，各民族之间的不断融合、变迁，孕育了各自不同的文化。各民族聚居造就西部与众不同的民俗民风，既成就了西部地区丰富多彩的民族文化，也给后世留下了重要的精神文化遗产。综观西部传统文化，其基本特征上表现出以种植、饲养为主体的农牧文化，这种文化产生于农牧基础之上，所以，它的文化系统都是围绕这一生产方式建立的。各民族不同特点的生产方式，显现出自身的地理环境、自然环境区别，由此产生不同的生态图腾崇拜、生态人格认识和生态社会管理。

2. 西部传统文化蕴含丰富的生态思想

在西部传统文化体系中，传统生态文化是其中最为重要的部分。我国西部地区不仅是长江黄河的发源地，也是中华文明的起源地。千百年来，生于斯长于斯的西部各民族，为适应自然环境，创造发明、积累传承了丰富多样的传统生态文化。西部各民族在不同的自然条件下，为顺应自然，打造并传承与自然和谐相处的实践、观念及组织，多元民族文化不断吐故纳新、淘洗凝练，沉淀成文化的宝库。西部传统生态文化，如果从构成上来讲，可以分为意识生态、技能生态和结构生态。

西部少数民族的意识生态是西部各民族世代对天地、自然和人的关系的认知和思考，最终形成西部各民族的传统宇宙观、自然观，这种自然观以少数民族神话、史诗、长歌等宏大神圣叙事来传承，以各种生态图腾崇拜、神秘仪式来具体呈现。西部众多的少数民族，很多地方都有神山、神树，每年有固定的节日，进行"转山""祭山"等活动，同时某些植物、动物被赋予了特定的精神和信仰意义，成为特定的场景中不可或缺之物。如包括傣族在内的西双版纳许多民族是"森林民族"，各村寨（曼）、社（勐），均至少保留有一片"龙山林"，小则数十亩，大则数百亩乃至数千亩，所分布的植物种类上千种。在传统彝族地区，每一个村寨都有一片密枝林，任何人不得以任何理由进行砍伐，是彝族的"神山"。不同民族尊奉不同的"神树"，在云南德宏一带的是榕树，贵州、云南腾冲等地的人们把千年的古银杏树视为"神树"，西藏把柏树视为"神树"。西部地区众多的植物、动物、山林崇拜，体现了人类对自然的敬畏，对自然生态系统及其力量的认知，承载着深刻的"人与自然"和谐共存的哲学思想，在传承民族文化，保护森林、水源、生物多样性方面发挥着重要的作用。

西部各少数民族在长期适应自然过程中，创造和发明出一整套世代相袭的维护生态的劳作技能、工具和方法，这一整套技能生态实践和具体行为，反映了西部地区各民族先民顺应自然、积极应对的生态智慧。

例如在云南傣族、傈僳族传统的轮耕技术、混农林业技术，是基于对生存环境中的降雨、土壤、季节、物种种间关系的认知而发展起来的，不仅能够产出绿色、无公害的农产品，还可以减少农药、化肥的投入，有效维持土地的肥力，有利于生物多样性保护。云南省哈尼族创立的梯田稻作生态系统，是基于对山、水、土壤、阳光、气候、森林、农作物的认知，顺应大自然规律，综合考虑，而巧妙地协调了山、水、田、林、路、村庄的合理布局，在有效地防止了水土流失的同时，又创造了良好的水土稻作条件，利于提高作物产量，使滇南山区的森林植被、水力资源、地理气候条件得到充分的保护和利用。在 2009—2010 年遭遇百年不遇的极端干旱灾情中经受住考验，创造了举世瞩目的生态农业奇观。

西部少数民族的生态结构以社会制度方式呈现，其旨向是实现维护生态平衡，其方式是对每个民族部落进行有效的社会控制和管理，最终目的是协调人与自然、人与人之间的关系。西部传统生态组织，其存在主要是渗透在古歌、史诗、神话及禁忌中，以训诫为规约，以村规民约、民族习惯法等加以法律约束和管控，以专任生态管理员进行日常监督和管护。西部地区各民族的多样性孕育了文化的多样性，其包含的民族生态智慧、生态知识与技术，是我国乃至世界的重要生态文化资源。

3. 西部传统文化生态思想的特质

西部传统生态文化是在西部各少数民族长期的生产生活实践中，世代口传，逐步形成的生态观念、生态技术及生态管理制度。西部少数民族整合自己民族部落内的观念，统一进行年度祭祀，崇拜山、水、某种动物、村寨神、祖先神。如果突发生态灾难时，本族领袖能以祖先的神圣名义进行全民号召和总动员，共同应对生态灾难。通过全体成员的参与，本民族的生态意识得以传承和维系，并不断强化其生命力。

西部传统生态文化渗透在各民族的日常生产生活中，形成生态化的生活生产方式。在日常的农耕、畜牧、渔猎活动中，他们秉承尊重自然、敬畏自然的生态理念，采取一种相适应的生态实践，恪守传统生态伦理，遵从有效的生态管理，内化为自我的价值引领，形成独具特色的生产生活模式。西部少数民族通过本民族的宗教文化，借助神的教义，来应对生态灾害。人们信奉山水万物皆为神，认为天、地、树、木、山、水与人一样都拥有魂灵，人天地共生，人神兽共祖，处理好人与神之间的关系，就必须解决人与自然的关系。我们注意到，当今西部各少数民族聚居区内的宗教圣境，往往也是传统生态保护的核心区域。各村寨通过年度性、季节性祭祀，要求每一个部族成员参与献祭，宗教禁忌必须遵守，因而村寨、山野、农田生态系统得以有效维护。西部少数民族往往以刚性的方式，用口耳相传的民族习惯法、风俗来约束自我行为，平衡自身生态制度。这是因为生态环境的维护只依靠生态理念是不够的，需要刚性极强的民间法介入，表现为成文的家规族规、林泉碑文、风水，以强势约束每一个民族成员，以沉重的经济处罚进行警示，形成具体的、执行力极强的生态管控制度。

总之，在西部各民族长期的生产生活中，通过不同方式的世代传承，传统生态文化不仅在后代中得以传习，还成为整合本民族成员意识的一种重要方式，成为当地生态文化运行的主体。

4. 西部地区传统文化生态思想的传承与创新

就本质而言，人类文明进程和自然的关系千丝万缕，人类文明史就是一部人类与自然环境的相互关系史。人类经历原始文明、农业文明，进入了工业文明，实现人类的超快、超常发展，由此产生了生态危机，致使生态文明理念出现，这是一个更高层次的人类文明阶段。

人类文明的进程和自然息息相关，历史上，西部地区由于地理位置的偏僻，生存环境相对恶劣，造成经济、社会发展的相对滞后。面对今天越来越开放的世界，在与东部地区发展现实的比较中，对本民族本地区的落后和贫困状态有了更为清醒的认识，一方面想加快发展现代化，提高了经济效益，又陷入了轻社会效益的悖论，无意中加快了对自身民族文化传统的抛弃，在快速发展经济社会的同时，民族传统文化的传承出现断裂，文化认同出现不同程度的弱化，生态环境遭到快速破坏和毁灭。西部传统生态文化思想面临的最大问题是如何传承与创新。

所以，当西部传统生态思想与 21 世纪相遇时，必然面临实践的传承和理论的创新。在当前西部地区生态文明建设中，积极吸纳传统生态思想的先进成分，与现代生态理论不断融合，结合当前区域经济发展的具体实践，使西部地区传统生态思想在新的历史时期绽放新的光彩，为西部地区生态文明建设增加有益成分，绝不能任其在时代演进的潮流激荡下，在错误政绩观的误导下走向消亡。政府、个人和社会组织要将西部生态环境作为最高诉求，制定符合大多数人利益的西部生态文明建设环境政策，鼓励社会的全体成员共同参与。同时，传承与创新要立足于西部特殊的经济文化发展水平、社会政治条件、自然环境、人口素质，充分吸收发达国家生态环境保护方面的经验，以最大限度地降低发展的自然生态代价。

西部地区生态文化的传承和创新建立在新时代中国共产党人治国理政、建章立制的宏大篇章中而得以坐实、落地，焕发出全新的生机与活力。党的十八大报告把"生态文明建设"作为一个专门的章节来阐述，并纳入中国特色社会主义"五位一体"总布局中，体现可持续发展理念，建设"两型"社会的总要求①。2015 年，中共中央、国务院出台

---

① 《坚定不移沿着中国特色社会主义道路前进，为全面建成小康社会而奋斗——在中国共产党第十八次全国代表大会上的报告》，新华网，2012 年 11 月 19 日。

《关于加快推进生态文明建设的意见》（中发〔2015〕12号）、出台《关于印发〈生态文明体制改革总体方案〉的通知》（中发〔2015〕25号）和《中共中央关于制定国民经济和社会发展第十三个五年规划的建议》，坚持把培育生态文化作为重要支撑，大力推进生态文明建设。为此，2016年4月，国家林业局特制定《中国生态文化发展纲要(2016—2020年)》（以下简称《纲要》）。《纲要》由中国生态文化协会编写，共分5章，分别是生态文明时代的主流文化、"十三五"生态文化发展总体思路、生态文化发展的重点任务、推进生态文化发展的重大行动、生态文化发展的政策措施。

《纲要》以中共中央、国务院生态文明建设顶层设计为统领，牢固树立和贯彻创新、协调、绿色、开放、共享的发展理念，紧紧围绕"十三五"全面建成小康社会的总目标，将培育生态文化作为重要支撑和现代公共文化服务体系建设的重要内容，因地制宜构建山水林田湖有机结合、空间均衡、城乡一体、生态文化底蕴深厚、特色鲜明的绿色城市、智慧城市、森林城市和美丽乡村，为城乡居民提供生态福利和普惠空间；着力推广和打造统一规范的国家生态文明试验示范区，创建一批生态文化教育基地，发挥良好的示范和辐射带动作用；挖掘优秀传统生态文化思想和资源，创作一批文化作品，做好"一带一路"内陆和沿海城市、村镇生态文化遗产资源的保护和发掘，拓展"丝绸之路生态文化万里行"活动，助推国际间和区域间生态文化务实合作，全面提升生态文化的引导融合能力和公共服务功能，推进生态文明制度体系和治理能力现代化。

在2012年生态文明建设纳入"五位一体"国家发展战略后，国家发展和改革委员会发布了《西部地区重点生态区综合治理规划纲要(2012—2020年)》，之后西部各省区（市）先后出台了生态文明建设和生态文化发展规划。如《七彩云南生态文明建设规划纲要》（2009—2020 年）、《甘肃省生态保护与建设规划（2014—2020 年）》《四川生态省建设规划纲要》《四川省林业推进生态文明建设规划纲要（2014—2020 年）》《贵州生态文化旅游创新区产业发展规划》（2012—2020）《新疆生产建设兵团关于加强生态文明建设工作的实施意见》《生态广西建设规划纲要（2006—2020）》《重庆市"美丽乡村"建设规划纲要（2013—2017）》，等等。同时，每个西部省区（市）都把生态文明建设纳入本省的"十三五"发展规划，生态文化的传承与创新同时也纳入其中。

三、加强生态教育，培育现代生态公民

19 世纪美国文学家马克·吐温曾开玩笑说："每个人都在谈论天气，但是没有人能为它做什么。"① 现在，这已经不再是一句笑语了，随着人类认知的深入，恰恰是由于人类的不当行为致使全球气候变暖，人类应该对全球气候的变化负责。为争取未来的气候环境更适合人类的生存、生活，人类理应也必须承担起行动的责任。

1977 年，联合国教科文组织在前苏联第比利斯召开政府间环境教育会议，联合国的 66 个成员国参加了会议，各国初步认识到环境教育在整个教育中的重要地位，呼吁大力支持生态教育，而且要体现出终生教育的设计。生态教育实质是全员教育、全程教育，是在国民教育中将生态学的原则与理念、思想与方法融入创建生态文明社会、实现可持续发展的具体实践中。人们知识和信息对行为改变的作用机制是复杂的，如果缺少必要的知识和信息的输入、传播，必然无从实现人类行为的改

---

① ［美］Julie Kerr Casper 著：《变化中的生态系统——全球变暖的影响》，赵斌，郭海强等译，北京：高等教育出版社，2012 年版前言。

变。就生态教育的对象而言，要求覆盖社会的全体成员，学生、工人、农民、军人、普通公民、公务员、事业单位人员均为教育对象。因此，生态教育也可以称为全民教育。就生态教育的内容来说，涵盖了国情世情、科技知识、生命价值、自然情感、经济模式以及消费观念、行为方式等方方面面，使受教育者知晓生态系统的今昔演变、明晰中外生态理念差异、理性认识当前生态环境、自觉担当生态责任，因此，生态教育是全方位展开的系统教育。就生态教育的过程而言，生态教育工作可由政府、企事业单位、学校来主导，家庭、群众团体、宣传部门等来配合完成，使每一位公民牢固树立终身学习、终身践行的理念。因此，生态教育是自我教育、终身实践的重大课题。

　　构建西部地区生态安全屏障，推进西部地区生态文明建设，离不开公众的参与。公众是推进生态安全屏障构建、促进生态文明建设的重要参与者、执行者和监督者。研究表明，市场化程度越高的地区，公众对环境的关注度越高，政府对环境治理的力度越大。提高西部地区广大群众的生态安全理念，唤醒并固化其生态良知、生态责任意识，在日常生产、生活活动中予以自觉地贯彻，是维护生态安全、促进西部地区社会经济发展进程中可持续性最稳定的、内生的环保力量。"生态建设的关键在观念上的建设"①，生态安全问题既是一个关乎国家重大发展战略范围的宏观主旨叙事，但是对每一个公民来说，生态安全问题又是一个关乎日常工作、生活、消费活动中点点滴滴细节的微观问题。

　　通过生态教育促使人们实现由生态认知到行动的转变，是以生态知识为基础的，通过启迪人们的生态良知与责任，凝聚生态价值观，最终才能体现为公民生态态度和行为习惯的彻底改变，培养具有现代生态意

---

① 何玉宏：《生态文明建设视域下的汽车消费：影响、根源及应对》，《生态经济》，2016年第11期，第211页。

识的公民。

1. 政府的生态职能需要从物本管理向人本管理转变

在西部地区生态文明建设进程中，必须积极推进政府管理职能"生态化"的演变。物本管理可以叫硬管理，它注重的是对人的控制，在管理中把人当作机器，管理的目的是通过严格的管理制度来约束人，它关心的是工作效率，对人本身不关心，认为人工作是为了取得经济的报酬，是为了追求自身利益。物本管理方式对消极怠工者进行经济惩罚，又用经济手段刺激员工的积极性，其好处是通过组织化、程序化的管理实现效率的增长，但其弊端在于在某种程度上扼杀了人性，阻碍了生产力的发展。人本管理也可以叫软管理，方式是调动人力资源的积极性来达到管理的目的，它强调以人为中心，再去发挥其他资源的作用。

物本管理重在对人的控制，而人本管理重在对人的尊重，人从外部延伸至内部，是管理的一种升华。它告诉管理者要更多关注员工的切身利益，多做雪中送炭的事，少做锦上添花的活儿。以人为本要求政府管理必须着眼于人，着眼于人们日益增长的物质文化需要，着眼于人们对未来幸福生活的向往以及自身发展的满足，这才是管理的上策。

20世纪的生态觉悟，始于人类对自身生存环境、对人类文明未来的关注，人们对自然态度的变化，显示人与自然关系的重大调适，而人们在世界观、价值观和文化精神的深刻变革，与一个丰富多彩的、充满生机活力的自然生态系统和谐相处，不仅利于自然生态系统的和谐、稳定，最终也必然惠及人类自身。实现人类诗意地栖居，始终是人类的理想和归宿。在西部地区生态文明建设和发展中，西部广大的人民是自然生态环境的保护者和建设者，如果离开人与自然的和谐共处，社会和谐发展无从谈起。从物本管理到人本管理，关注到人和企业的行为要受到自然生态规律的约束和限制，自然开始受到人的尊重。同时，人本管理也吸收了物本管理的合理内核，在重视"人"的同时也重视"物"，只不过这个"物"不是纯粹和自在的物，而是能够得到人类充分尊重、关爱、呵护，从而回馈给人类安全、健康、愉悦的自然生态之"物"。政府生态管理是充满生态智慧和科技理性的管理，也是和谐的管理。

2. 实施生态教育应该着眼于经济人向目的人的终极回归

"经济人"假设是亚当·斯密创立古典经济学的基本前提和逻辑起点，他认为市场经济的当事人，都是理性的"经济人"，追求个人利益最大化是自然之理，天经地义，市场经济的制度设计应以此为出发点，满足人的利己心，激励人们向致富的道路上迅跑。在市场这只看不见的手的引导下，它能够自发地调节市场自由竞争，生产者追求利润最大化，消费者追求效用最大化，产品既不会短缺，也不会过剩，市场经济是自由的、和谐的、完美的，可以实现资源的优化配置。合理追求自身利益，是世界五彩斑斓的内在依据，无可厚非。利益可以是人类文明前行的杠杆和动力。所以，马克思认为思想不能离开利益，不然会让自己出丑；而亚当·斯密则说"利益人"比"觉悟人"更可靠。这是对人之自然属性的回归。

生态教育立足于人是自然性和社会性的统一，人是经济人，也是社会人，但不能由此否认利己价值取向是最初始的起点和最本原的始基。以人为本是科学发展观的核心和灵魂，人类的终极目标说到底就是人的自由、解放和全面发展，一切以人为中心，一切以人的发展为归宿。经济发展、社会变革，最终都是为了人的发展。在开展生态文明教育的时候，重点讲清马克思、恩格斯把人的解放和发展作为共产主义的灵魂浸润于他们事业的建树中，以解放全人类，实现每个人自由而全面的发展为最崇高的目标追求，为此，他们倾注毕生心血为建立"自由人联合体"的未来社会而奋斗终生。关注人类命运，解放人的个性，实现人的全面发展，是马克思主义人文精神的内核和精髓，强调以促使人的全面发展为出发点和目标，以人的素质提高和能力发挥为实现条件，以人的个性丰富多彩和尽情舒展为核心内容，使人的存在意义和价值得以最高层面的真实凸现，消除人被异化的种种不合理现象，回归人的本质。当然，这里说的人的解放和发展，不是解放和发展少数人、个别人，而是解放和发展社会的每一个人、一切人。

3. 市场经济背景下养成利己是通过利他来实现的生态文化意识

人的本质属性是自然性和社会性的统一，人有利己之本性，有趋利避害之天然属性；亚当·斯密说每个人都有权追求自己的利益，人的经济行为根本动机是自利，所以，人是经济人；马斯洛的需要层次理论则提出人的需要具有高低层次之分，人的最高需要是实现自我价值，因此，人又是社会人。

多元目标驱使人不断地追求，但人会超越物质利益的引诱，追求更高、更远的思想和精神。在市场经济活动中，按照亚当·斯密预设的逻辑，利己是通向价值的最初起始点，个人从追求自利出发做出的各种努力，最后增进了社会公益的总体提高；个人为实现自己愿望而付出的努力越多，市场、社会从他的行为中间接得利就越多，这就是利他的实现。马克思也说过：生产一个商品的前提是其具有使用价值，并非自己要使用。因此，只有设想自己的商品是为别人、为社会需要而生产，才能实现自己获得其价值的目的，而与此同时，其他社会成员也与我同想，在另一个领域中思考我的需要、生产我所需要的商品。① 由此可见，市场交易中的双方必须先考量对方的需要，才能实现利己的目的，通过提供真实的利他商品，而实现利己。

---

① 马克思，恩格斯：《马克思恩格斯全集》第 46 卷下，北京：人民出版社，1980 年版，第 465—466 页。

　　生态教育教程内含着生态伦理的诉求，在生态教育中讲利他，不仅是指为他人提供有用、有助于提升生活品质的物品，也应是节约资源和降低消耗、环境污染少、生态效益好，有利于自然生态系统的产品，这是人类实现可持续发展的长远需要。给我所需，济你所需。这，就是交易的通义。我国在相当长的一段历史时期，多宣扬利他主义，集体利益高于个人利益，个人必须服从集体，绝少谈及利己。而在改革开放后，当思想大解放的时代到来，压抑太久的利他主义被另一个极端的利己主义所代替，丛林法则盛行、诚信原则失守，这无疑又走向另一个极端。

　　其实，利己理应以走向利他为最终目的；唯有通过利他，利己才能长远实现。在生态文明理念的昭示下，利他并不局限在利于他人、利于社会，也必然包含利于自然的重要内容，必须强调每个人的社会行为要做不伤害自然的事，有利于生态环境的保护，有助于人类整体利益、长远利益的实现和可持续发展，这样才能合理追求到个人利益的最大化。任何人对于保护自然、拯救地球有不可逃避的责任，只有热爱自然的人，自然才会关爱他。

　　4. 西部生态文化建设需要自组织与他组织结合的参与意识

　　一切经济、政治或文化的社会现象，都是自组织与他组织的矛盾统一。以现代经济为例，企业是高度的他组织，而经济人构成的群体则是一种自组织。现代市场经济下，必须有不同方式、不同力度的宏观调控，即他组织。

　　现代化是以工业化为基础，人类历史经历了石器革命、农业革命、工业革命，每一个时代都会发生政治、经济、文化各领域的社会转型过程，也是人类的理性之光揭开自然神秘面纱的理性化过程。贯穿于现代化过程中的理性是以满足人们日益增长的需要为目的追求最大效率。在工业革命的精神导向下，人类把大自然变化为可用算计、可控制、可征服的客体对象，在短短一两百年的时间里就创造出远远高于历史上千余年时间所创造的生产力，同时把自己赖以生存的生态环境破坏了，造成生态危机；与此同时，整个社会也建构了以追求效率为目的的、工具理性化的行政体制浓厚的社会控制体系。

生态危机呼唤生态理性。现代治理理论主张自组织铺垫于市民社会中，互动于国家、社会之间，反对传统的统治管理思想，但是，生态文明建设可说是人类生存方式的重大转变，在现有体制下，生态环境的破坏单凭政府去制止，已经不可能实现有效管理。自然生态系统是一种公共资源，仅仅靠市场的运作并不能保证生态系统健康有序的发展以及对生态资源的合理配置。生态危机呈现出的全球性、全面性、历史性特征，使得这一问题演变成人类共同面临的命题作文，整合各方资源，设计顶层公共政策，政府聚力社会，以他组织的名义出发，履行公共职能，加强公共管理，才有望得到解决。同时，生态文明既然是人类生存方式的重大变革，它需要全体社会成员的共同参与，需要全民在实践中告别物质主义和商业主义的生活习惯，树立绿色、低碳、环保的生活方式。按照公共治理的理论，公共事务往往最缺少的是大众的关心，"公地悲剧"说明个人的理性行为可能导致集体的非理性后果。政府应尽量减少对市场的干预，给人们充分的自由，摈弃外部干扰和控制，发挥裁判员的作用。

因此，生态文明建设不能只依靠政府这个他组织，同时需要公民自己组织起来，自主进行治理，自组织的理论就是把单纯注重经济理性的个体转变为关心公共事务的、负责任的公民。在当下中国，调动全体社会成员参与生态文明建设的积极性，就是要从以人为本出发，让城乡人民切实感受到生态文明建设带来的福祉和裨益，体会到生态文明建设对其生活品质的提升，才会积极参与到生态文明的保护和建设中来。

5. 倡导绿色消费生活方式，抑制不良浪费倾向

绿色发展意味着人类社会发展思路、模式的全新转变，它体现着人与人、人与社会、人与自然协调发展的价值取向，是一种新理念、新思潮和新文明形态，但是，由于绿色发展的理念近些年来才逐渐兴起，它需要人人参与，需要各种社会力量的密切配合，才能真正引领人类走向绿色发展道路。在现实世界中，全民性的行为改变往往需要先进的理念引导，在认识改变、提升的基础上，人们逐渐意识到不同的行为可能引发不同的价值评判之外，还有可能产生不同的社会效应、生态效应。维护和促进生态保护的行为会得到肯定与褒扬，而不符合生态环境保护需求的行为在社会层面遭到否定、抑制与惩戒。得益于20世纪80年代以来的教育、宣传，大众的生态环保意识慢慢提高，乱砍滥伐、滥捕乱杀的行为逐渐减少，在社会公共场合有违生态环境道德的不文明现象趋于减少，检举揭发破坏生态环境违法的行为不断增多，各类工程建设项目上马时涉及生态环境的要素考量逐渐增加。这些成绩的取得，既与制度保障直接有关，也是人们生态环保意识提升的表现。

绿色，代表生命、健康和活力。国际上通常把"绿色"理解为环保、生命、节能三个方面。绿色消费系指消费者选购产品时，考虑到产品对生态环境的影响，而选择对环境伤害较少，甚至是无害的商品。同时，注重垃圾的处置，不造成环境污染，转变消费观念，构筑绿色新生活。绿色消费的核心是注重"物"的尺度与"人"的尺度的统一，追求主体与客体关系的统一，追求经济发展与环境保护双赢的消费方式。

西部地区在追赶现代化的进程中，大多处在工业化发展的初、中期阶段，经济基础薄弱，生产力落后，劳动者素质低，科技发展水平不高，面临着百业待举、百废待兴的局面，又受到科技革命与创新、产业升级换代、市场竞争加剧的挑战，更加激发了摆脱贫困、走向富裕的决

心和勇气。以经济建设为中心，加快经济增长步伐，加快社会财富的创造和积累的强烈欲望，容易产生唯 GDP 的冲动和价值取向，片面以 GDP 作为判断和检验成败得失的标准。为了尽快把 GDP 做大，往往不顾资源的消耗、生态的破坏、环境的有限承受力，大量投入人、财、物，来获得产出量的增加。这种以 GDP 为准绳的经济增长，将会给后代留下难以治理的苦果。

因此，西部地区必须摒弃依靠自然资源和资本投入支撑的传统经济增长模式，摒弃"市场万能论""科技万能论"，批判物质主义、享乐主义，破除"重增长、轻质量，重速度、轻效益，重当前、轻长远"的落后思想观念，改变一次性消费、奢华消费、过度消费，甚至未富先奢，提倡适度消费、绿色消费、合理消费、层次消费，实现一种与自然生态相平衡、节约型的、健康的消费模式，形成与自然生态系统相协调的可持续消费方式和消费习惯。

德国诗人海涅曾说："每个时代都有它的重大的课题，解决了就意味着人类社会向前推进了一步。"生态安全问题就是我们当下这个时代最重大的问题之一，也是西部地区发展过程中面临的紧迫而棘手的重要问题。20 世纪 80 年代初期，生态环境理论体系逐渐引入我国，学者们纷纷著书立说、大声呼吁，中国的发展不能走西方国家"先污染、后治理"的老路，但是三十多年的发展历程表明，我国客观上并未摆脱"先污染、后治理"模式的困扰。

人们对生态安全问题的关注，相当程度上源于生态问题已然成为当前人类社会所面临的最严峻的危机。作为在这个地球上最智慧的生命，人类在对生态危机的社会文化根源进行深入的批判性思考后，理应对全球性生态危机做出理性的、科学的回应与明智的行为选择。中国在创造了世界经济增长历史奇迹的同时，也付出了西方发达国家两百余年发展历程中累积的生态问题在短短三十余年间爆发式、集中呈现的巨大代价。当前，中国的生态环境问题早已超越了部门利益、行业利益、地区利益的门槛乃至国家的界限，其辐射面之广、危害之大、危害之深，不仅影响经济的可持续发展、社会的和谐稳定以及国民的生命健康权益，也对中国的国际形象产生了不容忽视的影响。

中国作为一个负责任的大国，在生态环境责任方面，积极顺应国际环境发展趋势，从率先提出生态文明的理念到开展生态文明建设实践，到中国特色社会主义建设的全面布局，把生态文明贯穿到政治建设、经济建设、文化建设、社会文明的全过程中，体现了中国在全球生态治理方面的新探索和新贡献。如果说中国发展道路为全球发展中国家提供了新的探索，那么在维护和保障生态安全，促进生态文明建设方面，我国也必然为全球生态治理提供富有借鉴价值的理论探索和实践创新。

而我国西部地区由于其重要的生态区位，特殊的生态脆弱性，在我国生态安全屏障的构建，促进区域社会经济发展的多重压力下，应着眼于确保生态安全，促进生态文明建设，在社会经济发展的进程中实现社会效益、经济效益、生态效益共赢的目标显得尤为重要。确保西部地区生态安全，构建国家生态安全屏障，实施生态修复和生态保护是生态文明建设的关键所在，为生态文明建设提供必要的、基础性的物质载体。在西部地区生态文明建设进程中，要把制度创新摆在首位，改变以GDP作为政绩优劣的考核指标，弱化经济增长指标，考虑更多的社会可持续发展指标，更加注重绿色 GDP、生态环境质量的考核。坚持生态效益、人文效益和社会效益高于经济效益，以生态文明为引领，正确选择产业发展方向，大力推进减量化、再利用、再循环的经济模式，实现物质经济生态化，让社会经济发展模式实现生态化转型，促进生态与产业形成一种新型的良性互动关系。

在当下的中国，良好的生态环境已经成为人们普遍关切的民生福祉问题，强调尊重自然、顺应自然发展的生态规律认知逐渐被人们知晓，保护自然、促进人与自然和谐发展的理念也得到越来越多的认同和接受，如果说，在党的十九大报告中明确提出建设富强、民主、文明、和谐、美丽的社会主义现代化强国目标更符合时代发展的潮流，顺应我国生态文明建设目标，回应人民现实需要的重大部署，那么下一步迫切需要的，就是我国西部各省区（市）政府和人民携手，共同建设美丽中国、美丽西部，推进西部地区生态文明建设的积极行动！

参考文献

一、中文著作

[1] 常丽霞著:《藏族牧区生态习惯法文化的传承与变迁研究——以拉扑楞地区为中心》,北京:民族出版社,2013 年版。

[2] 陈红兵,唐长华著:《生态文化与范式转型》,北京:人民出版社,2013 年版。

[3] 陈家宽,李琴著:《生态文明:人类历史发展的必然选择》,重庆:重庆出版社,2014 年版。

[4] 陈来著:《区域战略:生态文明与经济发展》,合肥:安徽大学出版社,2014 年版。

[5] 陈全功,程蹊著:《少数民族山区长期贫困与发展性减贫政策研究》,北京:科学出版社,2014 年版。

[6] 陈梦熊,马凤山著:《中国地下水资源与环境》,北京:地质出版社,2002 年版。

[7] 崔凤,陈涛主编:《中国环境社会学》,北京:社会科学文献出版社,2014 年版。

[8] 但文红著:《石漠化地区人地和谐发展研究》,北京:电子工

业出版社，2011年版。

[9] 杜志淳主编：《中国社会公共安全研究报告》，北京：中央编译出版社，2013年版。

[10] 董宪君著：《生态城市论》，北京：中国社会科学出版社，2002年版。

[11] 邓光奇著：《民族地区生态旅游发展研究》，北京：中国财经经济出版社，2013年版。

[12] 邓玉林，彭燕著：《岷江、沱江流域水土流失与生态安全》，北京：中国环境科学出版社，2010年版。

[13] 杜敏，周丽旋，彭晓春等编著：《基于行政区域统筹的生态补偿政策及应用模式》，北京：化学工业出版社，2015年版。

[14] 樊胜岳，聂莹，陈玉玲著：《沙漠化政策作用与耦合模式》，北京：中国经济出版社，2015年版。

[15] 方世南著：《美国中国生态梦》，上海：上海三联书店，2014年版。

[16] 冯晓华著：《生态安全视角下的新疆全新世植被重建》，北京：中国环境科学出版社，2011年版。

[17] 冯永宽著：《西部贫困地区发展路径研究》，成都：四川大学出版社，2010年版。

[18] 傅伯杰，刘国华，欧阳志云等著：《中国生态区划研究》，北京：科学出版社，2013年版。

[19] 傅治平著：《生态文明建设导论》，北京：国家行政学院出版社，2008年版。

[20] 高吉喜，吕世海，刘军会著：《中国生态交错带》，北京：中国环境科学出版社，2009年版。

［21］高中华著：《环境问题抉择论——生态文明时代的理性思考》，北京：社会科学文献出版社，2004 年版。

［22］盖光著：《生态境遇域中人的生存问题》，北京：人民出版社，2013 年版。

［23］耿殿明著：《矿区可持续发展研究》，北京：中国经济出版社，2004 年版。

［24］韩利琳著：《中国西部生态环境安全风险防范法律制度研究》，北京：科学出版社，2009 年版。

［25］韩永伟，高吉喜，刘成程著：《重要生态功能区及其生态服务研究》，北京：环境科学出版社，2012 年版。

［26］洪大用，马国栋等：《生态现代化与文明转型》，北京：中国人民大学出版社，2014 年版。

［27］胡安水著：《生态价值概论》，北京：人民出版社，2013 年版。

［28］胡静著：《环境法的正当性与制度选择》，北京：知识产权出版社，2009 年版。

［29］黄承梁，余谋昌著：《生态文明：人类社会全面转型》，北京：中共中央党校出版社，2010 年版。

［30］黄承伟，王建民主编：《少数民族与扶贫开发》，北京：民族出版社，2011 年版。

［31］黄志斌著：《绿色和谐管理理论——生态时代的管理哲学》，北京：中国社会科学出版社，2004 年版。

［32］黄志斌著：《绿色和谐文化论——构建社会主义和谐社会的文化理念与原理及其现实追求》，北京：中国社会科学出版社，2007 年版。

[33] 黄志斌著：《生态文明时代的和谐管理》，北京：中国财政经济出版社，2011 年版。

[34] 惠富平：《中国传统农业生态文化》，北京：中国农业科学技术出版社，2014 年版。

[35] 姬振海主编：《环境安全论》，北京：人民出版社，2011 年版。

[36] 贾卫列，杨永岗，朱明双等著：《生态文明建设概论》，北京：中央编译出版社，2013 年版。

[37] 蒋明君主编：《生态安全：一个迫在眉睫的时代主题》，北京：世界知识出版社，2011 年版。

[38] 柯坚著：《环境法的生态实践理性原理》，北京：中国社会科学出版社，2012 年版。

[39] 雷冬梅，徐晓勇，段昌群著：《矿区生态恢复与生态管理的理论与实证研究》，北京：经济科学出版社，2012 年版。

[40] 李长亮著：《西部地区生态补偿机制构建研究》，北京：中国社会科学出版社，2013 年版。

[41] 李洪远，鞠美庭著：《生态恢复的原理与实践》，北京：化学工业出版社，2005 年版。

[42] 李梅主编：《森林资源保护与游憩导论》，北京：中国林业出版社，2004 年版。

[43] 李文华等编著：《中国生态系统保育与生态建设》，北京：化学工业出版社，2016 年版。

[44] 李学术著：《西部民族地区农户创新行为研究——基于云南省的案例分析》，北京：经济科学出版社，2011 年版。

[45] 李英著：《居民参与城市生态文明建设研究》，北京：科学出

版社，2013 年版。

[46] 梁积江，吴艳珍编著：《西部生态区划与经济布局》，北京：中央民族大学出版社，2008 年版。

[47] 刘江宜著：《可持续性经济的生态补偿论》，北京：中国环境科学出版社，2012 年版。

[48] 刘定平等著：《生态价值取向研究》，北京：中国书籍出版社，2013 年版。

[49] 刘湘荣等著：《我国生态文明发展战略研究》，北京：人民出版社，2013 年版。

[50] 刘肇军著：《贵州石漠化防治与经济转型研究》，北京：中国社会科学出版社，2011 年版。

[51] 刘祖云著：《中国社会发展三论：转型·分化·和谐》，北京：社会科学文献版社，2007 年版。

[52] 刘拓，周光辉，但新球等主编：《中国岩溶石漠化——现状、成因与防治》，北京：中国林业出版社，2009 年 7 月版。

[53] 马洪波主编：《青海实施生态立省战略研究》，北京：中国经济出版社，2011 年版。

[54] 勤谱德著：《生态社会学》，北京：社会科学文献出版社，2013 年 7 月版。

[55] 沈立江，马力宏主编：《生态文明与转型升级》，北京：社会科学文献出版社，2011 年版。

[56] 沈渭寿等著：《矿区生态破坏与生态重建》，北京：中国环境科学出版社，2004 年版。

[57] 沈月琴，张耀启著：《林业经济学》，北京：中国林业出版社，2011 年版。

[58] 石剑荣，陈亢利等编著：《城市环境安全》，北京：化学工业出版社，2010 年版。

[59] 孙根紧著：《中国西部地区自我发展能力及其构建研究》，成都：西南财经大学出版社，2014 年版。

[60] 孙鸿烈主编：《中国生态问题与对策》，北京：科学出版社，2011 年版。

[61] 陶火生著：《生态实践论》，北京：人民出版社，2012 年版。

[62] 谭荣著：《中国土地安全评论》，北京：金城出版社，2014 年版。

[63] 汤伟著：《中国特色社会主义生态文明道路研究》，天津：天津人民出版社，2015 年版。

[64] "推进生态文明建设 探索中国环境保护新道路"课题组编著：《生态文明与环保新道路》，北京：中国环境科学出版社，2010 年版。

[65] 吴冠岑著：《土地生态系统和安全预警》，上海：上海交通大学出版社，2012 年版。

[66] 王娟，杜凡，杨宇明等著：《中国云南澜沧江自然保护区科学考察研究》，北京：科学出版社，2010 年版。

[67] 王力峰，王志文著：《省域生态旅游资源分类与评价研究——以广西壮族自治区为例》，南宁：广西师范大学出版社，2012 年版。

[68] 王西琴，刘子刚等著：《太湖流域水生态承载力研究》，北京：中国环境出版社，2013 年版。

[69] 王亚欣著：《宗教文化旅游与环境保护》，北京：中央民族大学出版社，2008 年版。

[70] 王震洪主编：《云贵高原典型陆地生态系统研究（二）——

典型流域生态系统、水生态过程与面源污染控制》，北京：科学出版社，2013 年版。

[71] 卫星著：《云南省可持续发展试验区综合评价及发展对策研究》，昆明：云南人民出版社，2013 年版。

[72] 文传浩，马文斌，左金隆等著：《西部地区生态文明建设模式研究》，北京：科学出版社，2013 年版。

[73] 温中国著：《当代中国的环境政策》，北京：中国环境科学出版社，2010 年版。

[74] 夏建新，李天宏等著：《全球环境变迁》，北京：中央民族大学出版社，2006 年版。

[75] 许崇正，杨鲜兰著：《生态文明与人的发展》，北京：中国财政经济出版社，2011 年版。

[76] 徐海红著：《生态劳动与生态文明》，北京：人民出版社，2013 年版。

[77] 徐民华，刘希刚著：《马克思主义生态思想研究》，北京：中国社会科学出版社，2012 年版。

[78] 薛达元主编：《中国民族地区生态保护与传统文化》，北京：科学出版社，2014 年版。

[79] 薛达元，戴蓉，郭泺，孙发明等编著：《中国生态农业模式与案例》，北京：中国环境科学出版社，2012 年版。

[80] 姚茂华，李红霞著：《生态乡村建设理论与实践》，成都：西南交通大学出版社，2014 年版。

[81] 杨成著：《外来物种入侵的文化对策研究——以贵州和内蒙古少数民族地区为例》，北京：民族出版社，2013 年版。

[82] 杨广斌，王济，蔡雄飞，安裕伦著：《喀斯特地区土壤侵蚀

评价计数值模拟》，北京：气象出版社，2014 年版。

[83] 杨先明，吕昭河，黄宁，梁双陆著：《超越预警：中国西部欠发达地区的发展与稳定》，北京：人民出版社，2013 年版。

[84] 杨玉文著：《民族地区资源开发与经济增长》，北京：人民出版社，2013 年版。

[85] 叶文，薛熙明著：《生态文明：民族社区生态文化与生态旅游》，北京：中国社会科学出版社，2013 年版。

[86] 余俊著：《生态保护区内世居民族环境权与发展问题研究》，北京：中国政法大学出版社，2016 年版。

[87] 余谋昌著：《生态文化论》，石家庄：河北教育出版社，2001 年版。

[88] 余谋昌著：《环境哲学：生态文明的理论基础》，北京：中国环境出版社，2010 年版。

[89] 俞树毅，柴晓宇著：《西部内陆河流域管理法律制度研究》，北京：科学出版社，2012 年版。

[90] 赵其国，黄国勤等著：《广西红壤肥力与生态功能协同演变机制与调控综合报告》，北京：科学出版社，2015 年版。

[91] 张才琴著：《论森林资源保护的现代法制》，北京：中国言实出版社，2014 年版。

[92] 张乐著：《资本逻辑论域下生态危机消解理路探究》，北京：中国社会科学出版社，2016 年版。

[93] 张文驹主编：《中国矿产资源与可持续发展》，北京：科学出版社，2007 年版。

[94] 张占斌，冯俏滨，蒲实主编：《城镇化的生态文明研究》，石家庄：河北人民出版社，2013 年版。

[95] 张惠远，王金南，饶胜等编著：《青藏高原区域生态环境保护战略研究》，北京：中国环境科学出版社，2012 年版。

[96] 郑宝华，陈晓未，崔江红等著：《中国农村扶贫开发的实践与理论思考——基于南宁农村扶贫开发的长期研究》，北京：中国书籍出版社，2013 年版。

[97] 郑昭佩编著：《恢复生态学概论》，北京：科学出版社，2011 年版。

[98] 周训芳，吴晓芙著：《生态文明视野中的环境管理模式研究》，北京：科学出版社，2013 年版。

[99] 中国科学院可持续发展战略研究组：《2013 中国可持续发展战略报告——未来 10 年的生态文明之路》，北京：科学出版社，2013 年版。

[100] 中国 21 世纪议程管理中心可持续发展战略研究组：《发展的格局——中国的资源、环境与经济社会的时空演变》，北京：社会科学文献出版社，2011 年版。

[101] 钟祥浩，王小丹，刘淑珍等：《西藏高原生态安全》，北京：科学出版社，2008 年版。

[102] 朱伯玉著：《生态法哲学与生态环境法律治理》，北京：人民出版社，2015 年版。

二、外文译著

[1] 马克思恩格斯全集，北京：人民出版社，1998 年版。

[2] ［美］安妮·马克拉苏克著：《生物多样性：保护濒危物种》，李岳，田琳等译，北京：科学出版社，2011 年版。

[3] ［美］弗兰克林·哈瑞姆·金著：《古老的农夫 不朽的智

慧——中国、朝鲜和日本的可持续农业考察记》，李国庆，李超民译，北京：国家图书馆出版社，2013 年版。

[4] ［美］霍华德·津恩著：《美国人民的历史》，徐先春，蒲国良，张爱平译，上海：上海人民出版社，2000 年版。

[5] ［英］杰拉尔德·G. 马尔腾著：《人类生态学——可持续发展的基本概念》，北京：商务印书馆，2012 年版。

[6] ［美］Julie Kerr Casper 著：《变化中的生态系统——全球变暖的影响》，赵斌，郭海强等译，北京：高等教育出版社，2012 年版。

[7] ［美］莱斯特·R. 布朗著：《B 模式 2.0：拯救地球 延续文明》，林自新，暴永宁译，北京：东方出版社，2006 年版。

[8] ［美］莱斯特·布朗著：《生态经济：有利于地球的经济构想》，林自新译，北京：东方出版社，2002 年版。

[9] ［美］丽莎·本顿－肖特，约翰·雷尼－肖特著：《城市与自然》，张帆、王晓龙译，南京：江苏凤凰教育出版社，2017 年版。

[10] ［美］列奥·施特劳斯著：《自然权利与历史》，彭刚译，北京：生活·读书·新知三联书店，2003 年版。

[11] ［美］马克·H. 陶格著：《世界历史上的农业》，刘健、李军译，北京：商务印书馆，2015 年版。

[12] ［德］佩特拉·多布娜著：《水的政治——关于全球治理的政治理论、实践与批判》，强朝晖译，北京：社会科学文献出版社，2011 年版。

[13] ［美］STEVEN G. WHISENANT 著：《受损自然生境修复学》，赵忠等译，北京：科学出版社，2008 年版。

[14] ［英］亚当·斯密著：《国富论》下卷，郭大力，王亚南译，北京：商务印书馆，1972 年版。

三、学术论文

[1] 白传胜：《西部森林资源开发中存在的问题及对策》，《科技创业月刊》，2003 年第 6 期。

[2] 包书，刘丽红：《旅游品牌营销的对策分析》，《中国商贸》，2012 年第 6 期。

[3] 包广静：《怒江流域怒江州段水电开发生态影响研究》，《人民长江》，2011 年第 7 期。

[4] 毕淑娟：《三中全会：划定生态红线 建立生态补偿制度》，《中国联合商报》，2013 年 11 月 18 日。

[5] 陈怀录，徐艺诵，冯东海等：《西部贫困地区开发区发展模式探索》，《西北师范大学学报（自然科学版)》，2012 年第 2 期。

[6] 陈璐玭，林移刚：《粮食生产已成全球面临最大挑战》，《生态经济》，2016 年第 12 期。

[7] 陈江波，汤杰：《我国资源型城市生态安全的防范与调控研究》，《经济研究导刊》，2014 年第 8 期。

[8] 陈全功，程蹉：《空间贫困理论视野下的民族地区扶贫问题》，《中南民族大学学报（人文社会科学版)》，2011 年第 1 期。

[9] 陈劭锋，刘扬，李颖明：《中国资源环境问题的发展态势及其演变阶段分析》，《关注中国》，2014 年第 10 期。

[10] 程漱兰等：《高度重视国家生态安全战略》，《生态经济》，1999 年第 5 期。

[11] 储佩佩，付梅臣：《中国区域土地生态安全与评价研究进展》，《中国农学通报》，2014 年第 11 期。

[12] 崔丽：《浅释传统农业经济效率低下的原因》，《广西社会科

学》，2006 年第 5 期。

[13] 丁吉林，许媛媛：《可持续发展倒逼生态补偿机制冲破瓶颈》，《财经界》，2012 年第 5 期。

[14] 董恒宇：《构筑内蒙古生态安全屏障——生态文明战略思想在内蒙古的实践》，《环境保护》，2012 年第 17 期。

[15] 董小君：《建立生态补偿机制关键要解决四个核心问题》，《中国经济时报》，2008 年 1 月 3 日。

[16] 杜强：《论国家生态安全》，《中国环保产业》，2004 年第 3 期。

[17] 方世南：《从生态政治视角把握生态安全的政治意蕴》，《南京社会科学》，2012 年第 3 期。

[18] 冯彦，郑洁，祝凌云等：《基于生态破坏性干扰视角的生态安全研究》，《生态经济》，2017 年第 33 卷第 3 期。

[19] 付嘉：《中国传统农业生态思想研究》，西北农林科技大学 2006 届博士论文。

[20] 付业勤，郑向敏，王新建：《厦门市滨海城市旅游地生态安全评价研究》，《科技管理研究》，2013 年第 3 期。

[21] 谷树忠，胡咏君，周洪：《生态文明建设的科学内涵与基本路径》，《资源科学》，2013 年第 35 卷第 1 期。

[22] 高东，何霞红：《生物多样性与生态系统稳定性研究进展》，《生态学杂志》，2010 年第 12 期。

[23] 何光明：《论西部旅游经济的发展策略》，《中国商贸》，2011 年第 8 期。

[24] 何显明：《政府角色转型与生态文明建设的路径选择》，《中共浙江省委党校学报》，2010 年第 5 期。

[25] 黄勤，曾元，江琴：《中国推进生态文明建设的研究进展》，《中国人口·资源与环境》，2015 年第 25 卷第 2 期。

[26] 霍艳丽，刘彤：《生态经济建设：我国实现绿色发展的路径选择》，《企业经济》，2011 年第 10 期。

[27] 候鹏，杨旻，翟俊等：《论自然保护地与国家生态安全格局构建》，《地理研究》，2017 年第 36 卷第 3 期。

[28] 姜爱：《近 10 年中国少数民族传统生态文化研究述评》，《北方民族大学学报》，2012 年第 4 期。

[29] 蒋兆雷，张继延：《马克思的生态思想及其对我国生态文明建设的启示》，《江淮论坛》，2013 年第 6 期。

[30] 蒋颖，贺碧莲：《"发展农业产业化"系列专题报道之七放飞绿色梦想，云南林业产业发展纪实（上）》，《致富天地》，2011 年第 7 期。

[31] 赖超超：《生态安全语境下中国能源法的变革：问题与应对》，《闽江学刊》，2014 年第 5 期。

[32] 廖纯艳，韩凤翔，冯明汉：《长江上中游水土保持工程建设成效与经验》，《人民长江》，2010 年第 13 期。

[33] 李波：《生态补偿条例或加速推出》，《中国证券报》，2013 年 11 月 15 日。

[34] 李文光：《我国西部地区矿产资源概况》，《化工矿产地质》，2000 年第 3 期。

[35] 李益敏：《怒江峡谷基于人居环境的反贫困模式研究》，《国土与自然资源研究》，2011 年第 2 期。

[36] 李川南：《怒江州经济发展的制约因素及破解措施》，《中共云南省委党校学报》，2011 年第 5 期。

[37] 李德胜：《西部贫困地区县域经济发展研究》，《甘肃农业》，2011 年第 7 期。

[38] 李龙强，李桂丽：《民生视角下的生态文明建设》，《中国特色社会主义研究》，2016 年第 6 期。

[39] 李庆云：《西北农村贫困治理中村民自治的瓶颈问题与对策探讨》，《天府新论》，2013 年第 5 期。

[40] 李媛媛：《云南省生态红线管理法制保障研究》，昆明理工大学 2016 届硕士论文。

[41] 林文勤：《构建我国海洋工程生态补偿机制的可行性与现实困境分析》，《环境与可持续发展》，2014 年第 2 期。

[42] 刘国华：《西南生态安全格局形成机制及演变机理》，《生态学报》，2016 年第 36 卷第 22 期。

[43] 刘加林，李素桃，李晚芳等：《西部生态脆弱区生态保护红线划定与生态安全格局耦合问题探析》，《青海社会科学》，2016 年第 6 期。

[44] 刘荣昆：《贵州喀斯特地区少数民族生态文化及其价值研究》，《生态经济》，2017 年第 12 期。

[45] 刘希刚，隋灵灵：《马克思恩格斯物质变化理论及其对生态文明的启示》，《理论学刊》，2014 年第 3 期。

[46] 卢晓莉：《基于少数民族生态文化视角的民族地区生态文明建设》，《生态经济》，2017 年第 8 期。

[47] 罗林：《毕节试验区水土保持生态文明建设的探索与实践》，《深度分析——水利发展研究》，2014 年第 1 期。

[48] 马波：《论环境法上的生态安全观》，《法学评论》，2013 年第 3 期。

[49] 孟红松，吴琼，赵晓玉：《民族地区生态文明建设的理论遵循、时代困境与路径优化——以新疆为例》，《生态经济》，2016 年第12 期。

[50] 孟天友：《关于毕节市水土保持与生态文明先行区建设的思考》，《毕节经验·乌蒙论坛》，2013 年第3 期。

[51] 孟旭光：《我国国土资源安全面临的挑战及对策》，《中国人口·资源与环境》，2002 年第1 期。

[52] 梅凤乔：《论生态文明政府及其建设》，《中国人口·资源与环境》，2016 年第26 卷第3 期。

[53] 牛焕琼，陈春华，陶仕珍等：《云南省农村能源建设存在的问题及对策》，《现代农业科技》，2014 年10 期。

[54] 秦书生，张泓等：《公众参与生态文明建设探析》，《中州学刊》，2014 年第4 期。

[55] 邱高会，广佳：《区域生态安全动态评价及趋势预测——以四川省为例》，《生态经济》，2015 年第4 期。

[56] 曲艺，陆明：《生物多样性保护视角下的城市生态安全格局构建研究》，《城市发展研究》，2017 年第24 卷第4 期。

[57] 沙占华，赵颖霞：《生态文明建设的经济性困境及其破解之道》，《理论导刊》，2016 年第10 期。

[58] 孙根紧：《我国西部地区森林碳汇估算及潜力分析》，《广东农业科学》，2015 年第13 期。

[59] 孙新章，王兰英，姜艺等：《以全球视野推进生态文明建设》，《中国人口·资源与环境》，2013 年第23 卷第7 期。

[60] 沈茂英：《西南生态脆弱地区发展路径选择》，《西藏研究》，2012 年第4 期。

[61]《深入贯彻党的十八届三中全会精神以改革创新为动力推进美丽中国建设——周生贤在 2014 年全国环境保护工作会议上的讲话》，《环保工作资料选》，2014 年第 1 期。

[62] 王灿发：《论生态文明建设法律保障体系的构建》，《中国法学》，2014 年第 3 期。

[63] 王国莲：《生态安全是政治进程的无上命令——政治学视域下的生态安全问题新论》，《理论导刊》，2011 年第 11 期。

[64] 王建平，赖虹宇：《资源地居民受益权与生态安全义务的确立》，《理论与改革》，2014 年第 2 期。

[65] 王克勤：《水文生态退化与西南水战略》，《南昌工程学院学报》，2014 年第 4 期。

[66] 王鹏，唐丽：《湖南省土地资源生态安全评价》，《资源开放与市场》，2012 年第 8 期。

[67] 王晓峰，吕一河，傅伯杰：《生态系统服务与生态安全》，《自然杂志》，第 34 卷第 5 期。

[68] 王晓峰，尹礼唱，张园：《关于生态安全屏障若干问题的探讨》，《生态环境学报》，2016 年第 12 期。

[69] 王晓易：《中国推出"十三五"温室气体减排方案》，中国新闻网，2016 年 11 月 4 日。

[70] 王伟，包景岭：《悖论的破解之道：农田污染治理途径探析》，《生态经济》，2016 年第 12 期。

[71] 王映雪：《西南生态脆弱区域农村城镇化的生态效应和调控对策研究——以云南昭通为例》，《环境科学导刊》，2009 年第 3 期。

[72] 王永莉：《试论西南民族地区的生态文化与生态环境保护》，《西南民族大学学报（人文社科版）》，2006 第 2 期。

[73] 温丙存：《民族习惯法与生态文明建设社区自治制度——以贵州省支嘎布依族苗族彝族乡为例》，《广西民族研究》，2014 年第8 期。

[74] 吴大放，刘艳艳，刘毅华等：《耕地生态安全评价研究展望》，《中国生态农业学报》，2015 年第3 期。

[75] 吴胜泽：《能力贫困与广西国定贫困县多维贫困估计》，《经济研究参考》，2012 年第65 期。

[76] 温士贤：《山地民族的农耕模式与生态适应》，《黑龙江民族丛刊》，2011 年第2 期。

[77] 西藏自治区环境保护厅：《2015 年西藏自治区环境状况公报》，《西藏日报（汉）》，2016 年6 月5 日。

[78] 新华网：《中国森林生态系统年总价值10 万亿元》，环球网，2010 年5 月21 日。

[79] 夏光：《建立系统完整的生态文明制度体系——关于中国共产党十八届三中全会加强生态文明建设的思考》，《环境与可持续发展》，2014 年第2 期。

[80] 夏吉昆，于龙：《县域城市生态安全评价研究——以云南省沾益县为例》，《安徽农业科学》，2012 年第3 期。

[81] 谢园园，傅泽强，邬娜，徐建伟：《解析我国生态文明建设面临的重大挑战》，《中国工程学》，2015 年第17 卷第8 期。

[82] 徐济德：《我国第八次森林资源清查结果及分析》，《林业经济》，2014 年第3 期。

[83] 徐蕾：《欠发达资源富集地区农民贫困问题成因及对策研究》，《开发研究》，2011 年第1 期。

[84] 徐岩：《国家生态安全视角下的生态补偿机制的构建》，《改

革与战略》，2011 年第 9 期。

[85] 徐烨，魏茹，谌艳芳：《城市生态文明建设的评价指标体系构建及综合评价研究》，《江西师范大学学报（自然科学版)》，2017 年第 4 卷第 3 期。

[86] 鄢涛，李芬，彭锐：《基于景观生态格局的城镇绿色廊道网络建立研究》，《城市发展研究》，2012 年第 8 期。

[87] 严晓辉，李政，谢克昌：《新时期中亚和我国西部地区绿色发展的 SWOT 分析研究》，《生态经济》，2016 年第 12 期。

[88] 杨锋梅，曹明明，邢兰芹：《生态脆弱地区旅游景观格局研究及案例分析——以山西右玉县为例》，《西北大学学报（自然科学版)》，2012 年 6 月第 6 期。

[89] 杨庭硕，彭兵：《生态文明建设与文化生态之间的区别与联系》，《云南师范大学学报（哲学社会科学版)》，2015 第 47 卷第 4 期。

[90] 杨晓玲，刘学录：《基于压力指标的生态安全取向对土地生态安全的影响——以甘肃省庄浪县为例》，《甘肃农业大学学报》，2014 年第 1 期。

[91] 杨妍，王振亚：《政治文明的生态意蕴》，《山东大学学报（哲学社会科学版)》，2010 年第 1 期。

[92] 杨艳，张绪敏，叶培盛等：《滇西怒江河谷潞江段泥石流灾害时空发育特征》，《地质通报》，2012 年第 2 期。

[93] 袁晓玲，景行军，李政大：《中国生态文明及其区域差异研究——基于强可持续视角》，《审计与经济研究》，2016 年第 1 期。

[94] 赵建军，胡春立：《美丽中国视野下的乡村文化重塑》，《中国社会主义研究》，2016 年第 6 期。

[95] 张德明，刘树臣：《矿产资源合理开发与矿山环境的综合治

理》，《国土资源情报》，2003 年第 12 期。

[96] 张谷：《旅游发展模式比较研究——兼论西部旅游跨越式发展思路》，《社会科学研究》，2010 年第 3 期。

[97] 张欢，成金华，陈军等：《中国省域生态文明建设差异分析》，《中国人口·资源与环境》，2014 年第 24 卷第 6 期。

[98] 张晶，罗峰：《旅游地生态安全评价——以杭州西溪湿地为例》，《广西社会科学》，2012 年第 3 期。

[99] 张丽：《生态文明视野下农民生态伦理意识的培育》，《农业经济》，2014 年第 4 期。

[100] 张立江：《怒江州生态文明建设面临的困难及对策》，《中共云南省委党校学报》，2012 年第 6 期。

[101] 张军驰：《西部地区生态环境治理政策研究》，西南农林科技大学 2012 届博士论文。

[102] 张平军：《西部生态建设是全国的生态安全屏障》，《未来与发展》，2010 年第 5 期。

[103] 张茹，戴文婷，刘兆顺：《我国北方农牧交错区土地生态安全评价》，《水土保持研究》，2017 年第 24 卷第 2 期。

[104] 张绒仙：《西部森林资源存在的问题及对策》，《陕西农业科学》，2011 年第 1 期。

[105] 张晓燕：《西部贫困地区新农村建设的制约因素及对策选择》，《湖南社会科学》，2013 年第 2 期。

[106] 张榆琴，李学坤：《滇西边境及哀牢山区反贫困问题分析》，《当代经济》，2012 年第 1 期（下）。

[107] 张远，高欣，林佳宁等：《流域水生态安全评估方法》，《环境科学研究》，2016 年第 10 期。

［108］钟洁，覃建雄，蔡新良：《四川民族地区旅游资源开发与生态安全保障机制研究》，《民族学刊》，2014 年第 24 期。

［109］周侃，王传胜：《中国贫困地区时空格局与差别化脱贫政策研究》，《中国科学院院刊》，2016 年第 31 卷第 1 期。

［110］朱洪云，董海龙，芮亚培：《从西藏地方立法角度探讨西藏生物遗传资源保护》，《科技管理研究》，2011 年第 15 期。

［111］朱青，罗志红：《基于灰色关联模型的中国能源结构研究》，《生态经济》，2015 年第 4 期。

后　记

2013 年 6 月，我得知获得国家社科基金课题立项的消息，对自己而言，是一个巨大的学术荣誉，课题立项带来的喜悦似乎是过眼即逝，它赋予我更多的是责任意识和巨大的精神压力。作为一名在高校思想政治理论课一线教学的普通教师，繁重的教学任务、各种琐碎事务的纠缠，时间分割碎片化迹象非常明显。一方面是长期积压心头的无形的心理负担，另一方面又面临着紧张的教学任务、会议、培训、检查等难以摆脱的有形重压。在自己的内心深处，始终怀有一种对学术研究深深的敬畏与尊重。于是，竭力尝试在每一个可能的时间安排中，将全部的心血和精力倾注到课题上，成为唯一可行的选择。

生态文明涉及学科广泛，对一名高校思想政治理论课教师来说，学科跨越度不可谓不大。在研究过程中，我曾经有辗转难眠的煎熬，也有在变故叠出时的焦虑不安，也不乏捋清思路、文思奔涌的欣喜与畅快，个中滋味，亦苦亦乐。研究团队的构建与管理，课题组中人员的调整变迁，凡此种种，都是全新的挑战。书稿各章完成者分别是：第一章，刘小勤；第二章，刘小勤、孙锐；第三章，刘小勤、郑海涛、和晶、牛焕琼、孙锐、白春娇；第四章，余良谋、申丹、刘小勤；第五章，刘小勤、杨京、牛焕琼、孙锐。课题研究见证了课题组成员的共同成长，自己也在经历了无数寝食难安的痛苦磨砺之后，依然鼓起勇气面对一切预知和不曾预知的困难与阻碍，最终完成修改稿。这是一个艰难的学术成长过程，也是人生必经的修炼过程。感谢学校各级领导给予的支持，感谢课题组全体成员的辛勤付出。研究生李阳阳、李宗恩、邸笛承担了书稿的校对工作，一并致谢。

感谢国家哲社办给予立项支持，课题研究给了我前所未有的科研成长平台，促使自己站在更为宽阔的视角进行更深入的思考，倾心关注西部生态文明问题。相信在这一领域会有更多的学者关注和参与，必将涌现出更为丰硕的成果，为我国西部地区生态文明建设开拓更为广阔的空间。